太阳系终极探索指南

THE ULTIMATE GUIDE TO THE SOLAR SYSTEM

[英] 丹尼尔·贝内特 Daniel Bennett ——编著

祝锦杰 ——译

高爽 ——审订

重庆大学出版社

图书在版编目（CIP）数据

太阳系终极探索指南 / (英) 丹尼尔·贝内特 (Daniel Bennett) 编著；祝锦杰译. -- 重庆：重庆大学出版社, 2024. 9. -- (好奇心大爆炸). -- ISBN 978-7-5689-4588-2

Ⅰ. P18-49

中国国家版本馆CIP数据核字第20245FX875号

太阳系终极探索指南

TAIYANGXI ZHONGJI TANSUO ZHINAN

[英] 丹尼尔·贝内特　编著

祝锦杰　译

高爽　审订

责任编辑：王思楠

责任校对：谢　芳

责任印制：张　策

装帧设计：武思七

重庆大学出版社出版发行

出版人：陈晓阳

社址：（401331）重庆市沙坪坝区大学城西路 21 号

网址：http://www.cqup.com.cn

印刷：北京利丰雅高长城印刷有限公司

开本：787mm×1092mm　1/16　印张：13.5　字数：224千

2024年9月第1版　2024年9月第1次印刷

ISBN 978-7-5689-4588-2　定价：78.00元

前言
FOREWORD

邻里相望 邻里之间有多了解对方呢？邻居是那些住在我们隔壁的人，或者稍微远一点，但是总归是同一条街上抬头不见低头见的那些人。天天都能遇见不说，没准你偶尔还会去他们家里喝杯茶，拉拉家常。但是不管邻里之间有多熟络，每个家庭总有外人不了解的一面。就算是知根知底的邻居，偶然也能给你来个出人意料，或是惊或是喜。

同样的道理也适用于我们太阳系的邻居们，也就是所有围绕太阳公转的天体们。在太阳系这个"社区"里，最显眼的当然要数体积最大的成员——太阳。哪怕夜幕降临，天空中也到处都是太阳的同类们，只是它们没有那么大和耀眼（这只是视觉上的感受而已）。太阳系的边界离我们太远了，所以许多太阳系的成员都位于我们裸眼视觉的感知范围之外，海王星就是个非常典型的例子。除非你的视力极佳，否则天王星也在肉眼可见的范围之外。

对太阳系的探索成就了人类历史上许多伟大的科学发现：我们造访过距离地球最近的卫星、向距离更远的星体发射过探测器，还向星系外派遣了两艘探索者飞船，它们作为我们的使者，把人类的存在和涉足的范围延伸到了太阳系之外。

诚然，宇宙里的未知总是远远多过我们的已知。每每有了关于行星、卫星、彗星、小行星和恒星的新知，我们只想知道更多，且从未感到满足。这也是为什么太阳系以及所有在太阳系中运行的天体都让我们觉得有无穷无尽的吸引力。

在这本书中，你将看到太阳系诞生的肇始（以及它将来的结局）。我们一直希望对宇宙空间有革命性的发现和认识，所以本书还将介绍一些为实现这个目标而做的最新努力。

那么，请尽情享受你接下来的旅程吧！

——丹尼尔·贝内特

目录
CONTENTS

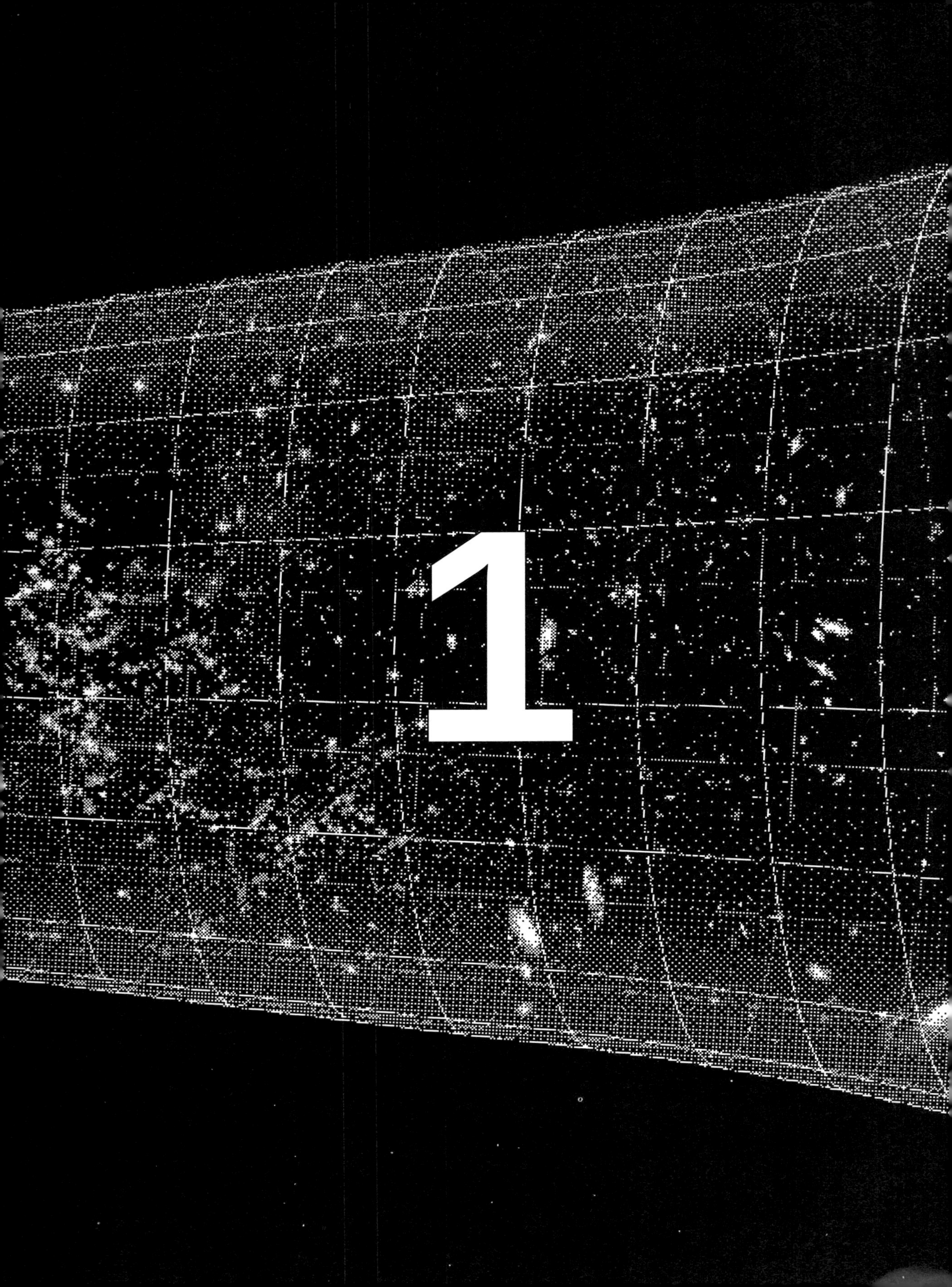

1

宇宙的诞生

大爆炸理论

在太阳系形成的几十亿年前，宇宙就诞生了……

2009年将是永载天文学教科书的一年，因为正是在这一年，我们对宇宙的认识有了革命性的进步。这股进步浪潮的推动者不是某个人，而是一架名为普朗克（Planck）的宇

宙探测望远镜。它的名字源自著名的德国物理学家马克思·普朗克（Max Planck）。它由欧洲航天局（European Space Agency）在2009年发射升空。普朗克望远镜的任务是探测宇宙的“蓝图”——简单来说，就是拍摄邻近空间的照片，寻找和定位我们周围正在发育的恒星和星系。

阿尔伯特·爱因斯坦（Albert Einstein）在1917年发表了《广义相对论下的宇宙观》（*Cosmological Considerations of the General Theory of Relativity*），自那以后，宇宙学家一直致力于用数学理论和模型描绘宇宙从诞生到今天的历程。但是这种完全以数学视角讲述的宇宙故事并非无懈可击——普朗克望远镜就发现了"剧情"上的漏洞，或者按照科学家对它们的称呼：反常现象。首先，从普朗克望远镜搜集到的数据来看，宇宙的实际年龄比科学家们从前预计的更大，差距达到了5000万年左右。另外，宇宙中神秘的暗物质也比估计的要多，而原子数则比从前认为的要少。虽然实际数据和理论估算的出入不小，不过相对而言，这还是宇宙学家们最不担心的问题。

真正让科学家们迷惑不解的是一种名为"冷斑点"（cold spot）的现象。在普朗克望远镜记录宇宙背景辐射（一种与宇宙诞生密切相关的微波辐射）时，发现了一些温度显著低于理论极限的区域，科学家把这种背景辐射里的异常区域称作"冷斑点"。因为某种未知的原因，宇宙的温度分布似乎表现出一种奇怪的非均匀状态。

宇宙究竟从何而来，又是如何有了今天的模样？类似冷斑点这样令人摸不着头脑的新发现正是我们加深对宇宙认识的突破口。

对页上图：
罗伯特·威尔逊（左）和阿诺·彭齐亚斯在接收到宇宙微波背景辐射信号的天线前。

对页下图：
宇宙微波背景辐射（也就是宇宙大爆炸产生的辐射余波）的全天分布图。

参与的科学家	阿诺·彭齐亚斯（Arno Penzias）和罗伯特·威尔逊（Robert Wilson）
实验时间	1964 年
实验发现	宇宙微波背景辐射的热信号

射电天文学家阿诺·彭齐亚斯和罗伯特·威尔逊曾是美国新泽西州贝尔实验室的同事，两人在研究中发现了一种来自宇宙的、均匀分布在整个天空的辐射噪声。这种起初让两人摸不着头脑的无线电干扰最终成就了一项前无古人的革命性发现，以及两枚1978 年的诺贝尔奖牌。

无线电波是电磁波的一种。电磁波的性质与波源的温度相关，因此我们可以根据电磁波的属性倒推波源的温度。彭齐亚斯和威尔逊使用的接收天线有一套特殊的矫正系统：接收天线的信号放大器被液氮冷却到了4.2 开尔文（单位“K”，4.2 开尔文相当于零下 268.95 摄氏度），另有一个被冷却到相同温度的比对装置，实验中通过把接收信号和比对信号进行对照，排除装置本身的杂音干扰。

两人原本的实验计划是：把接收天线分别对准天空和经过冷却的比对装置，就可以得到天空（确切地说，其实是宇宙）的温度，然后，如果用这个数字减去已知的杂波，比如地球大气的电磁干扰等，就可以得到宇宙的实际温度——按照当时的理论水平，两人预计这个数字理所当然应该是 0 开尔文。

但是在1964年，二人有了一个意外的发现：接收天线得到的温度并不是 0 开尔文。两个人想破了脑袋，也只能把这个数字降低到 2 开尔文。他们用尽一切手段，试图排除所有可能的无线电波干扰，为此还发生了一件后来广为流传的趣闻：二人特意爬到高高的喇叭形天线上，清理了堆积在那里的鸽子粪。但是任凭他们如何改进实验的每个步骤，得到的数据却依旧相同：宇宙的基础温度是 2 开尔文左右。

天线接收到的这个神秘的“过热信号”一直困扰着他们。直到在普林斯顿大学的罗伯特·迪克（Robert Dicke）、詹姆斯·皮伯斯（James Peebles）、彼得·罗尔（Peter Roll）以及大卫·威尔金森（David Wilkinson）的帮助下，彭齐亚斯和威尔逊才终于意识到，这个无法解释的无线电信号正是宇宙大爆炸的辐射余波。

大爆炸发生后

这是一部浓缩了138亿年的宇宙极简史

① 宇宙大爆炸

在 138 亿年前，没有恒星，没有星系，宇宙的雏形是一团温度和密度都极高的粒子与辐射。大爆炸发生后，物质与能量从中喷涌而出，空间开始向外延展，宇宙就此诞生。

---

② 宇宙膨胀

大爆炸发生后 10~35 秒

宇宙以超高的速率膨胀，仅仅眨眼的工夫，膨胀的速率至少达到了 1060 倍。

---

③ 粒子形成

大爆炸发生后 1 分钟

在诞生 1 分钟后，整个宇宙的状态就像一颗恒星的内核，只是体积比后者大了无数倍。在这么一个“高压锅”里，基本粒子开始形成，它们是后来组成原子核的单位。其中绝大多数都是质子，此后它们将会以氢原子的形式存在于宇宙中。不过，也有大约四分之一的粒子融合成了氦原子核。除了氢和氦之外，此时的宇宙中也有极少量的锂和铍。

---

④ 能量—物质退耦[1]

大爆炸发生后 38 万年

从宇宙诞生到这个时间点之前，还没有任何原子能够形成。因为一旦电子和原子核（质子）结合形成原子，强烈的宇宙辐射就会将其击碎，把它们打回原形。但是以此为分界线，由于宇宙已经膨

左图：
宇宙大爆发产生的辐射余波现象让科学家意识到，宇宙诞生于一个“时间和空间共同的起始点”。

译者注：
1. 即“耦合消退”，在天文学中，“退耦”指宇宙早期平衡态（能量一物质耦合）的打破。
2. 电磁辐射的能量与波长呈反相关。在电磁波频谱上，能量从高到低（波长从短到长）的部分排序如下：紫外线、可见光、红外线、微波。

胀到相当大的体积，粒子的空间密度下降，辐射的强度也明显减弱，已经不足以再阻止原子的形成。这种转变被天文学家称为宇宙的“能量一物质退耦”。减弱的宇宙辐射并没有完全消失，普朗克望远镜配备了相应的设备，能够捕捉到至今依然回荡在宇宙中的辐射余波。

⑤ 宇宙的黑暗时代

大爆炸发生后 100 万年

宇宙并不是一个从始至终都暗无天日的空间。随着宇宙空间的不断膨胀，高能辐射逐渐衰弱为低能辐射，减弱的电磁辐射的波长逐渐拉长到红外乃至微波[2]波段，整个宇宙的亮度这才逐渐暗了下去。当时的宇宙里没有恒星，所以也就没有光源。宇宙中所有的原子本来聚集在一起，随着时间流逝，大块的原子团纷纷脱落后又各自聚合成新的整体，这些就是最初的宇宙天体。宇宙中出现的第一批恒星完全由氢和氦构成，它们的寿命仅有大约数十万年，寿终正寝后崩溃爆炸。早期恒星爆炸产生了质量更大的新元素，这些元素是行星和生命能够产生的必要成分。

⑥ 太阳系的诞生

大爆炸发生后 88 亿年

曾经有一颗比太阳更大的恒星走到了生命的尽头，并随着一场超新星爆发灰飞烟灭。在爆发中喷出的气体和尘埃形成了一个星云，这就是太阳系的前身，也是太阳的涅槃之所。

2

太阳系的形成

行星的诞生

身处太阳系第三号行星上的我们，对自己所在的星系的起源终于有了拨云见“日”的认识。

对页图：
一颗年轻的恒星以及围绕在它周围的、呈圆盘形的尘埃和气体——这种体系被称为“原行星盘”，新的行星正在这里发育。

太阳系大约诞生于46亿年前。起初，它只是一坨巨大的星云，由宇宙尘埃和气体（氢气和氦气）组成。在漫长的时间里，星云中的物质聚了又散，散了又聚，逐渐形成了今天被我们称为“太阳”的恒星。太阳诞生后，剩余的星云物质组成了“原行星盘”（protoplanetary disc）——一种围绕在年轻恒星周围的、巨大而扁平的圆形星盘。除了气体，原行星盘里还有数以百计的巨型岩块和冰块。在解释行星起源的“星子假说”中，这些岩石和冰块被称作“微行星”（也就是所谓的“星子”）。再过数百万年，星子之间经过不断的碰撞和融合，就逐渐形成了我们今天看到的各个行星。

我们是如何知道这些的？

总想探寻自己的身世起源是人类这个物种的独特之处。不过，好奇心充其量只是一种驱动我们探索的动力，它与我们是否能够找到正确的方向无关。人类对太阳系本身以及太阳系起源的认识从一开始便误入了歧途，直到今天我们都还在修修补补，不断对已有的理论进行更新和完善。

人类历史上最伟大的思想家们曾经认为地球是世界的中心，而太阳、月亮以及其他行星和恒星都围绕着我们旋转。这种想法可以追溯到亚里士多德和他生活的古希腊时代，它作为主流认知延续了1000多年。直到公元16世纪，以波兰天文学家兼数学家的尼古拉·哥白尼（Nicolaus Copernicus）公开挑战这种说法为标志，舆情和大众的认知才出现了松动的苗头。哥白尼提出了所有行星（包括地球）都围绕太阳公转的日心说，但是他深深忌惮于宗教势力的反扑和迫害，所以直到弥留之际才决定出版自己的学说。

参与的科学家	尼古拉·哥白尼（Nicolaus Copernicu
实验时间	1543年
实验发现	地球等行星围绕太阳做公转运动

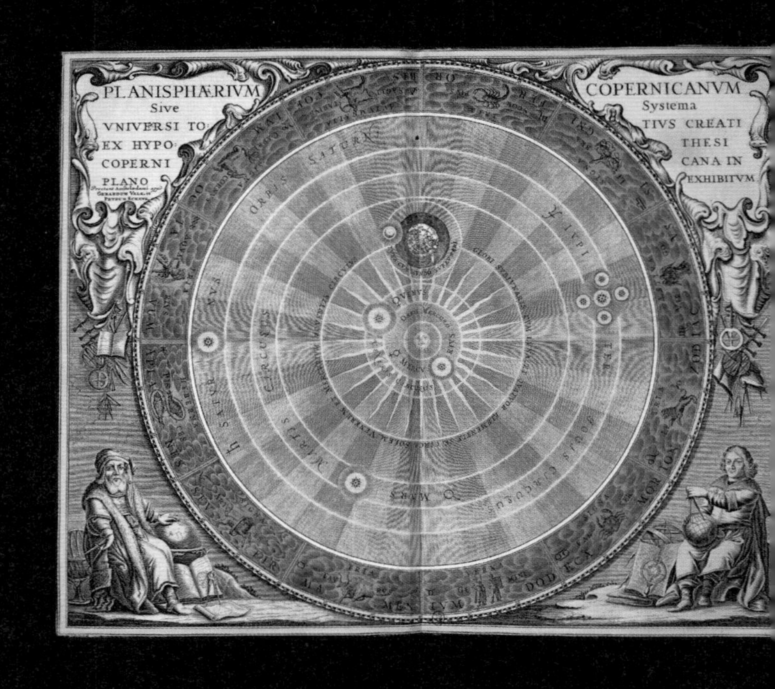

如果我们一直坚信其他天体绕着地球旋转，那么很难想象今天的天文学家们将如何看待太阳系的起源。这也是为什么哥白尼石破天惊的理论——把太阳放到天体运行的中心——被誉为人类历史上最伟大的发现之一，真可谓实至名归。更令人赞叹的是，哥白尼假说的依据并不是起早贪黑的天文观测，而是严谨的数学推算。

认为一切天体都围绕地球运行的“地心说”，总是在实际的天文观测中遭遇许多的问题。比如从地球上观测时，会看到有些行星的运行轨迹出现掉头往回或者来回缩进的现象。为了自圆其说，博闻强识的古希腊天文学家托勒密（Ptolemy）引入了“本轮”（epicycles）的概念：托勒密认为每个行星本身围绕一个圆心做着直径较小的圆周运动（即“本轮”），而那个圆心又以地球为圆心，做一个直径较大的圆周运动（即“均轮”）。本轮和均轮组成的复合运动就是托勒密用来解释行星实际测结果的周转圆（顾名思义，即“在圆周转动的圆”）模型。

托勒密的运动模型的确可以解释观的结果。但是为了让自然现象能够契合我先入为主的信念，他不惜额外构想了一个于复杂的解释。哥白尼的智慧体现在他意到杀鸡不需要牛刀——只要把太阳放在星的中心，让剩下的行星围绕太阳运行，就以免去探讨本轮运动的必要。哥白尼的日说可以很简单地解释行星轨迹掉头的现象以火星为例，当地球在公转轨道上与这颗身通红的邻近行星擦肩而过时，地球上的们自然就会看到原本在“前进”的火星又头“原路返回”了。

伽利略！伽利略！

在哥白尼去世之后又过去了几十年，才终于陆续有人拿出了能够证明我们生活在太阳系的实验证据。而其中厥功至伟的要数意大利天文学家伽利略·伽利雷（Galileo Galilei），他在17世纪初所做的一系列研究是现代天文学的基石。当然，这肯定不是一个波澜不惊、一帆风顺的故事：伽利略因为自己潜心的研究而与基督教结下恩怨，直到1992年才正式被后者赦免并恢复名誉。我们姑且把八卦的轶事放一边，仅从科学的视角来探讨这段往事。启发伽利略的是，他在观察金星时看到金星会随时间的推移出现类似月亮的盈亏现象。如果太阳和金星都是围绕地球旋转的话，这样的现象就不应当发生。但是如果金星和地球围绕着同一个中心光源公转，那在地球上观察到金星盈亏的现象就变得合理了。换句话说，太阳系有不止一颗行星，而地球只是围绕太阳公转的其中一颗。

上图：
伽利略·伽利雷正在向一位帕瓦多大学的男修士讲解他的天文假说。这幅画的作者是西班牙画家菲力克斯·帕拉（Felix Parra）。

对页上图：
一幅描绘太阳系的星图，太阳位于星系的正中间。这幅图的作者是尼古拉·哥白尼。

对页下图：
这尊哥白尼的纪念雕像矗立在波兰科学院门口。

倘若如此，那么下一个问题很自然就是：太阳系又是从哪里来的呢？17世纪30年代，法国哲学家勒内·笛卡尔（René Descartes）成为最早探讨这个问题的人之一。笛卡尔的理论出发点是他认为自然界不存在真空的空间。由此推论，如果空间中的一个粒子移动了位置，那么就必须有另一个粒子来填补它离开后留下的空白，依此类推，一个又一个粒子的位移就会形成涡流。笛卡尔认为，物质陷入这种漩涡状的运动是天体形成的第一步，而涡流会因为某种原因产生压缩效应，其中的物质变得越来越致密，以至于最终变成行星。至于这种“原因”，揭开其神秘面纱的则是艾萨克·牛顿爵士（Sir Isaac

Newton）和他著名的万有引力学说——“引力”就是行星围绕太阳公转的原因。可是，即便我们知道了引力的存在，似乎依然无法回答太阳和太阳系里所有的行星是从哪里来的这个问题。

时间来到18世纪中期，法国数学家乔治-路易·勒克莱尔（Georges-Louis Leclerc）提出太阳系的行星诞生于太阳的猜想，他设想每当有彗星撞击太阳，就会有巨量的恒星物质被甩到太阳之外。他认为，历久经年，这些抛出的物质会越积越多，最终因为引力聚合在一起，并在太阳重力的牵引下形成公转的行星。18世纪末，勒克莱尔的假说遭到了他的法国同胞皮埃尔-西蒙·拉普拉斯（Pierre-Simon Laplace）的驳斥——后者通过演算，从理论上论证了太阳的引力能把绝大多数甩出的物质拉回恒星表面的事实。

推翻勒克莱尔假说的拉普拉斯开始构想能够解释太阳系形成的新假说。望远镜发明后，天文学家在夜空中发现了许多边缘毛糙的亮点。它们散布在茫茫的天空中，被天文学家们称为“星云”（nebulae）——“nebulae”在拉丁语中是“云朵”的意思。基于这个观测上的发现，拉普拉斯提出太阳诞生于星云的假说。他认为由于引力的作用，星云的坍缩（体积越来越小而密度越来越大的过程）会让它的自转速度越来越快。按照拉普拉斯的推算，自转速度加快会导致恒星把自身的物质甩出，最终形成一个扁平的圆盘状星盘，围绕在恒星四周。接下来，邻近的物质之间以引力相互吸引，逐渐聚合到一起并最终形成各个行星。

不过，拉普拉斯的星云假说在进入20世纪之际也积重难返，显露出难以为继的趋势。这个理论的主要问题在于：如果星云假说完全正确，那么太阳现在的自转速度应当远比实际观测到的要快，而太阳系各个行星的自转速度则应该更慢一些。拉普拉斯的假说也遇到了障碍，为此，以詹姆斯·金斯爵士（Sir

James Jeans）为代表的天文学家们把目光转向了新的理论。1917年，金斯提出曾有另一个恒星高速掠过了太阳。在两星擦肩而过时，巨大的引力撕扯太阳，扒下了巨量的恒星物质。金斯认为，这些脱离太阳的星际物质就是太阳系行星的前身。不过，这种假说很快就被推翻了。到了1929年，人们意识到在巨大而空旷的宇宙空间里，金斯假设的“两颗恒星擦肩而过”几乎是不可能发生的情况。退一步讲，即便这种情况奇迹般地发生了，太阳还是有能力把相当部分的物质吸收回去的。

因为缺乏学科带头人，有关太阳系起源的前沿理论在此后数十年里陷入了停滞。直到20世纪40年代，英国天文学家弗雷德·霍伊尔（Fred Hoyle）提出了一种新假说，他认为太阳曾与另一颗比它大得多的恒星相伴，后来那颗伴星在一场超新星爆发里毁灭了。爆炸产生的一部分碎片被太阳的引力捕获，这些碎片就是太阳系的行星们。但是这个假说也有瑕疵，比如它无法解释水星和火星那明显缩水的质量。

20世纪70年代，拉普拉斯的星云假说出现了复兴的迹象。天文学家们认为，如果把星云中所有尘埃物质产生的引力作为拮抗恒星自转的制动力纳入考虑，那么星云假说最主要的问题（观测中太阳实际的自转速度远低于假说的预测值）是可以得到合理解释的。随后在20世纪80年代，天文学家实际观测到了数颗年轻恒星以及围绕在它们周围的圆盘状星云物质，这给拉普拉斯的星云假说增添了几分事实的依据。科学家把年轻恒星周围这种尘埃组成的圆盘称为“原行星盘”，顾名思义，这正是行星诞生的起源之地。

他山之石

观测其他星系是目前研究太阳系形成的关键途径。但是在20世纪90年代中期之前，从来没有人亲眼看到过在其他星系里做着公转运动的行星。人类直到1992年才首次发现了一颗围绕脉冲星公转的太阳系外行星。自那以后，天文学家们陆续发现了将近3900颗位于各个星系的行星——它们被统称为“太阳系外行星”（exoplanets）。虽然它们也是“行星”，不过从第一次看到它们，我们就发现它们并不是太阳系的完美参照。举个例子，在代号为“飞马座51”（51 Pegasi）的星系，有一颗名为“Dimidium”的行星，只要四天多一点的时间就能完成一次公转；它到所在星系的中心恒星飞马座51的距离仅为水星到太阳距离的八分之一。同样是距离中心恒星非常近的行星，但Dimidium的质量大约是木星的一半，它的尺寸比太阳系的水星要大许多许多倍。

假如行星是由年轻恒星喷出的碎片构成的，那么像Dimidium这种情况——在距离恒星如此近的轨道上形成了体积如此巨大的行星——几乎是不可能发生的。相对更合理的解

下图：
虽然离我们很远很远，但是像飞马座 51 这样的外星系却能帮助我们认识自己身处的太阳系。

释是，Dimidium首先在较远的轨道上形成，而后被恒星的引力拉到了距离很近的轨道上。由此推测，行星的轨道并不是固定的，而是处于动态的变化中。天文学家通过研究外星系的现象和天体，更新对太阳系的认识，这就是一个典型的例子。

受此启发，在2005年——也就是发现Dimidium的十周年之际——一个由天文学家组成的团体提出了尼斯模型（以该模型诞生的地点法国城市尼斯命名）。这个模型的核心观点是，太阳系的巨型行星——包括木星、土星、天王星和海王星——在形成之初，它们之间的距离比现在更近。随着时间推移，木星的轨道逐渐向太阳靠拢，而另外3颗行星的轨道则逐渐远离。有人甚至猜想，天王星和海王星曾经交换过星序。

木星在轨道内移的过程中可能撞碎了许多较小的天体——你可以想象一下一条大狗冲进一群鸽子里的场面。木星撞碎其他天体后会产生许多天体碎片，这些碎片因为太阳的引力而顺势冲向了太阳系内部，导致位于太阳系内侧的岩质行星及其卫星遭遇陨石冲击的次数激增。有证据显示在距今38亿到41亿年前，月球表面曾遭受过异常频繁的陨石撞击。而轨道外移的海王星同样因为碰撞较小的天体而产生了许多碎片，只是它们朝着远离而非靠近太阳的轨道偏离，这可能是位于太阳系外围的两个小行星带——柯伊伯带（Kuiper）和离散盘（Scattered Disc）——的来源。

未发现的行星？

虽然尼斯模型是一个重要的理论突破，但是该模型的最初版本还远远不够完善。科学家曾尝试用计算机模拟4个巨型行星之间的引力关系，但是在模拟得到的所有结果中，只有4%的星系和今天的太阳系契合。科学家后来尝试添加了一个小变量，而结果立刻蹿到了23%。那么这个“小变量”是什么呢？答案是第五颗巨型行星。可是我们在今天的太阳系里只看到四颗，不是吗？如果我们要严肃考虑第五颗巨型行星存在过的可能性，那么至少需要有一个合理的说法来解释消失的那颗行星到底去哪儿了。有一种假说认为，它可能在轨道偏移的过程中脱离了太阳系，成了一颗流浪在漆黑深空里的孤儿行星。天文学家们已经发现了数颗类似的"流浪行星"，所以这种假说并不是无稽之谈。

除此之外，还有一种更引人入胜的理论：这颗"消失"的巨型行星其实还在太阳系里，只是还没有被我们发现。围绕这种可能性的争论一直是近几年来天文学领域里最让人兴奋的话题之一。这颗身份不明、位置不明的行星被人称为"X行星"或"第九行星"（参见本书第159页与第195页）。

如果第九行星真的存在，那么它能一直游离于我们视线

与太阳的距离

这里罗列了太阳系的各个行星以及它们与太阳的距离。

"AU"是天文单位（Astronomical Unit）的缩写，1AU 相当于地球到太阳的平均距离。

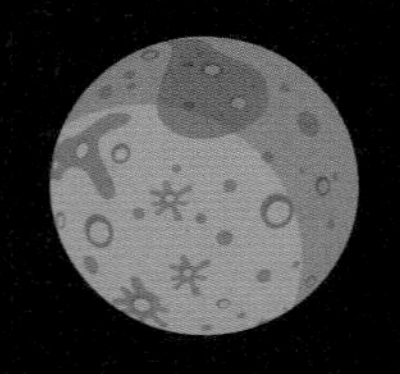

水星
0.4 AU

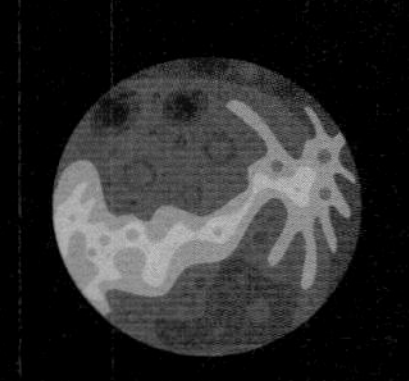

金星
0.7 AU

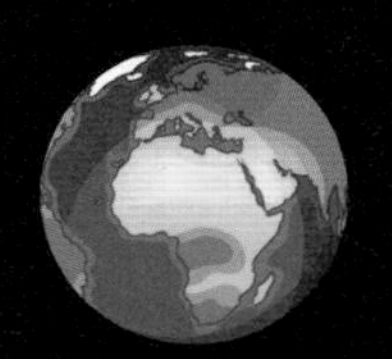

地球
1 AU

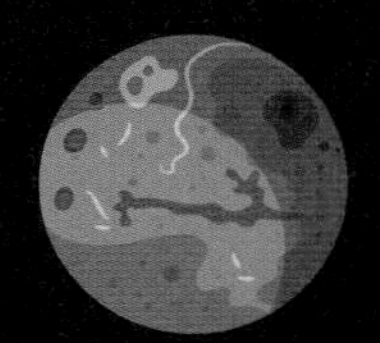

火星
1.5 AU

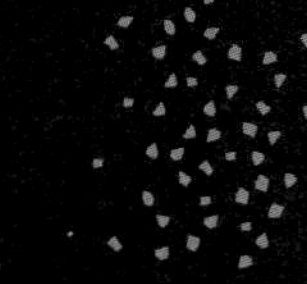

小行星带
2~3.3 AU

之外的唯一原因就是它离太阳实在太远——除非你知道它的大致方位，不然很容易遗漏。科学家正在筹划一场有针对性的搜索，希望能找到这颗消失的行星。

简单回顾天文学的发展历程，可以看出太阳系的起源仍是一个悬而未决的问题。从古希腊到今天已经过去了上千年，但是太阳系的故事人类只读了那么几页，后面还有很多章节等着我们翻开。

上图：
在太阳系的边缘地带，可能有一颗至今还未示人的行星在徘徊。

3

探索宇宙

现役的探测器都在忙些什么

斯普特尼克 1 号于 1957 年发射升空，成为人类历史上第一个太空探测器。从那以后，人类已经向太空发射了数千个航天器。整个太阳系内目前有大约 50 个正常运作的现役探测器*，接下来你将分别看到它们身处何方以及肩负什么样的任务。

* 不包括小型化、业余爱好者自制以及商业用途的航天器

日地关联天文台 A 与 B 号站

STEREO A/B

STEREO 是“Solar Terrestrial Relations Observatory”的首字母缩写，字面意思为“日地关联天文台”，包括 A 号站和 B 号站。它们的任务是构建太阳风暴喷发的 3D 图像。STEREO-A 号站目前仍在工作，但是 B 号站在 2014 失去了联系。

太阳与太阳风层探测器（SOHO）

SOHO 太空计划极大地刷新了我们对太阳的认识。除了向地球发回了与太阳磁场活动相关的宝贵数据，SOHO 在服役期间还无意中发现了 3000 颗高速掠过的彗星。

SOHO

Solar And Heliospheric Observatory

任务是研究太阳的表层以及太阳风。

干扰消减系统

Disturbance Reduction System，简称 DRS

这是一架实验性质的探测器，它被用来为将来侦测太空中的引力波打基础。

水星

金星

贝皮·科伦坡号

Bepicolombo

2018 年发射升空，贝皮·科伦坡号将于 2025 年抵达并进入水星轨道，届时它将分离成两个航天器：绘制水星地理面貌的水星行星轨道器（MPO）以及研究水星磁场的水星磁层轨道器（MMO）。

帕克太阳探测器

Parker Solar Probe

于 2018 年发射升空，目前正围绕太阳运行，它的任务是收集与太阳风相关的数据。

破晓号

Akatsuki

是研究金星的大气层和云层的气象卫星。于 2015 年 12 月进入金星轨道。

WIND 号

研究太阳风的航天器。它携带的燃料足够它持续运行大约 50 年。

斯皮策空间望远镜

Spitzer Space Telescope

主要任务是拍摄银河系以及各个星云的红外线图像。斯皮策空间望远镜的绝大部分设备已经停止工作。

先进成分探测器

Advanced Composition Explorer，简称 ACE

是一架太阳探测器。它的燃料能支持它一直运行到 2024 年。

斯皮策空间望远镜

斯皮策空间望远镜升空于 2003 年，是继哈勃、康普顿（因为故障，已于 2000 年脱离轨道自毁于太平洋）和钱德勒之后，美国航空航天局（NASA）大型轨道天文台发射计划中的第四架，同时也是最后一架空间望远镜。斯皮策能够在红外光谱段进行观测。2009 年，斯皮策空间望远镜用于冷却设备的制冷剂耗尽，但它并没有立刻停止工作，而是持续在太空观测小行星、彗星和太阳系外行星。2016 年，斯皮策同其他空间望远镜一起，在太阳系附近的特拉比斯特 -1 星系（主星代号为 TRAPPIST-1，是一颗红矮星）发现了七颗潜在的宜居行星。

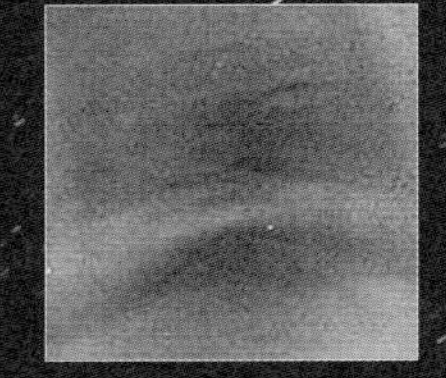

破晓号

围绕金星有许多未解的谜团，而破晓号则是人类探索金星的最新尝试。它将在金星的大气层中寻找闪电，研究主要气体成分在金星大气中的含量及分布，还有金星大气下层的热量分布状况。不要小看热量分布的研究 —— 金星是太阳系中温度最高的行星，而它并不是距离太阳最近的，这是金星的谜团之一。破晓号还携带了一些金属片，上面雕刻着几封从公开比赛中筛选出的民众来信。

距离太阳
5800 万千米

距离太阳
1.08 亿千米

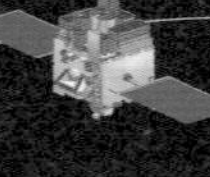

ASTROSAT 号

印度的第一个多波段空间望远镜，主要用于监控太空中与 X 射线相关的天文事件。

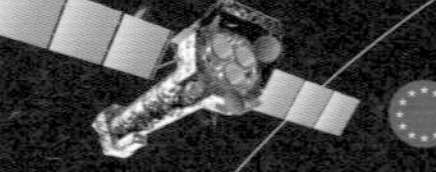

XMM- 牛顿卫星

XMM-Newton

在 X 射线和可见光波段观测天体。

国际伽马射线天体物理实验室

International Gamma Ray Astrophysics Laboratory，简称 INTEGRAL

追踪宇宙中最凶险的事件和物体，比如黑洞。

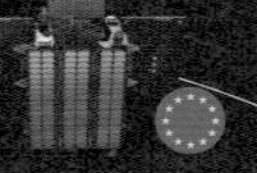

星上自主项目卫星 2 号

PROBA-2

是太空设备微型化技术的最新尝试，这架航天器的主要功能是观测太阳。

日出号

Hinode

研究太阳磁场和日冕之间的关联。

太阳界面区成像光谱仪卫星

nterface Region Imaging Spectrograph，简称 IRIS

在紫外光波段观测太阳，研究日冕、色球层和太阳风。

火崎号

HISAKI

在紫外光波段观测地球的大气层。

SPEKTR-R 号

研究银河系和银河系外的无线电信号。

钱德勒 X 射线天文望远镜

Chandra X-Ray Observatory

在 X 射线波段观测天体，包括黑洞和超新星。

费米伽玛射线空间望远镜

Fermi Gamma-Ray Space Telescope

探测全天域的伽马射线源，包括活跃的星系核和脉冲星。

地球

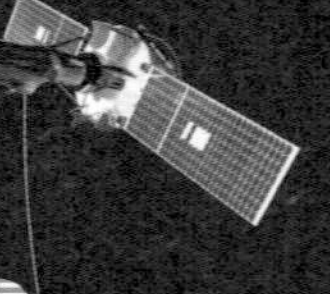

凌日系外行星勘测卫星

Transiting Exoplanet Survey Satellite，简称 TESS

2018 年 4 月发射升空，TESS 的主要任务是搜寻太阳系外行星。

星际边界探测器卫星

Interstellar Boundary Explorer，简称 IBEX

对从太阳系边界到星际空间之间的过渡地带进行测绘。

悟空号

Dark Matter Particle Explorer，简称 DAMPE

寻找可能与暗物质有关的高能反应现象。

近地广域红外巡天探测卫星

NEOWISE

搜索对地球构成潜在威胁的小行星和彗星。

星簇二号

Cluster II

负责研究太阳对地球磁场造成的影响，尤其是在太阳活动旺盛的时期。

太阳动力学天文台

Solar Dynamics Observatory，简称 SDO

对太阳进行高分辨率的观测。

伽马射线轻型探测器

简称 AGILE

观测伽马射线源，包括伽马射线爆发事件以及活跃的星系核。

哈勃空间望远镜

Hubble Space Telescope

观测太空，主要覆盖可见光波段。

核光谱望远镜阵列

Nuclear Spectroscopic Telescope Array，简称 NUSTAR

搜寻太空深处的超大质量黑洞。

尼尔·格雷尔斯雨燕天文台

Neil Gehrels Swift Observatory

探测并分析太空中的伽马射线爆发。

哈勃空间望远镜

1990 年，在哈勃空间望远镜启动服役之初，由于主镜上的瑕疵，它传回的图片多少都有一些模糊。1993 年，哈勃望远镜的主镜接受了一次修复，此后它发回的照片都清晰无比。哈勃望远镜为天文学的发展立下了汗马功劳，贡献影响深远：它帮助科学家确定了宇宙的年龄、发现了暗能量，还让我们看见行星和恒星的诞生。

尼尔·格雷尔斯雨燕天文台

设计尼尔·格雷尔斯雨燕天文台的初衷是研究和观测宇宙中的伽马射线爆发——伽马射线是一种寿命很短的高能光线，它是宇宙中能量最高的光。雨燕天文台于 2004 年发射升空，预期的服役时间本为两年，但是直到今天它仍在工作。到目前为止，尼尔·格雷尔斯雨燕天文台已经观测到了超过 1000 次伽马射线爆发。每每宇宙中有伽马射线的爆发触发天文台，它就会向地面发回一条信息，提醒执勤待命的天文学家调试设备，为接下去的观测做准备。

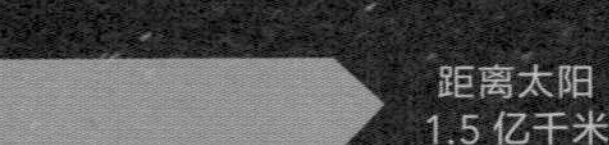

距离太阳
1.5 亿千米

盖亚

盖亚是一架天文望远镜，能以前所未有的精度测量银河系中其他恒星的位置、计算它们与我们的距离。盖亚发射升空于2013年4月，随后在2018年，盖亚的研究团队向翘首以盼的天文学家们公布了第二批盖亚发回的数据包。除了天文测绘之外，盖亚还被用于研究太阳系外行星、遥远的类星体和太阳系中的小行星。

盖亚
GAIA
它已经精确定位了数十亿颗恒星的位置。

在火星表面寻找水的踪迹以及适合生命生存的地点。为了躲避火星上的一场沙尘暴，NASA关闭了这辆火星车，现在他们正全力尝试恢复与它的联络。
机遇号
Opportunity

监测火星的气候，绘制火星表面的地图，为将来的火星登陆选取合适的地点。
火星勘测轨道飞行器
Mars Reconnaissance Orbiter，简称 MRO

寻找火星上曾经或者目前有水的证据。
2001 火星奥德赛号
2001 Mars Odyssey

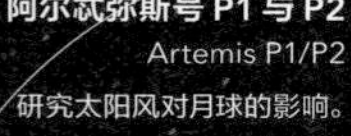

阿尔忒弥斯号 P1 与 P2
Artemis P1/P2
研究太阳风对月球的影响。

于2018年11月在火星表面着陆，它的任务是检测火星地表以下的成分。
洞察号
Insight

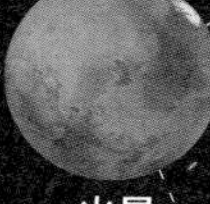

火星快车号
Mars Express
它的任务是对火星的环境进行综合而全面的分析。

月球

火星

MAVEN 号
Mars Atmosphere And Volatile Evolution Mission
全称“火星大气与挥发物演化探测卫星”。它的任务是研究火星上的大气和液态水消失的原因。

月球勘测轨道器
Lunar Reconnaissance Orbiter，简称 LRO
绘制月球表面的精细地图，为将来月球表面的人工或者机器人勘探做准备。

火星轨道探测器
Mars Orbiter Mission
印度航天技术的试水成果，为将来执行火星任务打下基础。

好奇号
Curiosity
探测火星的环境，评估其是否适合微生物生存。

火星微量气体任务卫星
ExoMars Trace Gas Orbiter
调查火星大气中微量甲烷的来源。

隼鸟2号
Hayabusa 2
这是日本进行的第二次小行星勘探及样本回收任务。隼鸟2号在2018年6月抵达了小行星162173号（名为“龙宫”），并于2019年开始执行登陆小行星表面并回收样本的作业。

嫦娥四号
Chang' e-4
嫦娥四号探测器搭载了玉兔二号月球车，它将成为人类史上第一艘在月球背面执行任务的航天设备。

隼鸟2号

它的前辈隼鸟1号执行了人类历史上第一次从小行星回收样本的任务。但是那次任务漏洞百出，希望这一次隼鸟2号能够顺利完成任务，带回更多的样本供科学家们研究。

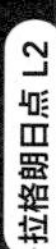

嫦娥四号

2019年1月3日，中国的嫦娥四号探测器成功登陆月球，成为历史上第一架在月球背面着陆的人类探测器。两周后，探测器传回了一张颗粒感很重的照片，照片中一颗探测器携带的棉花种子萌出了绿色的嫩芽——嫦娥探测器上搭载了一个月球微型生态系统实验装置，这也是地球植物有史以来第一次在外星球上发芽。遗憾的是，这棵绿苗最终还是夭折了。不过，对于人类将来在月球上建立永久性基地，这仍然是意义重大的一步。

距离太阳 1.5 亿千米

距离太阳 2.28 亿千米

嫦娥二号

Chang' e-2

任务是探测月球和小行星，目前在距离地球1亿千米的地方。

旅行者1号

2012年8月，科学家确认旅行者1号抵达了星际空间（银河系中各个恒星系之间的地带）。不过，它距离奥尔特云（Oort Cloud）还有很长的路要走——奥尔特云是天文学家们假想的环绕太阳系的球状云团，是原行星盘的物质遗留。所以严格从定义上来说，旅行者1号还没有完全离开太阳系。不过，它确实已经离开了太阳磁场的影响范围，因为在星际空间，来自各个星系的恒星风暴相会，本就是强弩之末的太阳风在那里毫无影响力。

旅行者2号

Voyager 2

在离开太阳系的途中，它沿途探测了木星、土星、天王星和海王星。2018年11月，旅行者2号已经确认进入了星际空间。

旅行者1号

Voyager 1

在造访过木星和土星后，已进入星际空间。旅行者1号目前位于距离地球大约210亿千米的地方。

朱诺号

Jupiter Near-Polar Orbiter，简称 JUNO

朱诺号在2016年7月抵达了木星。目前，它正在勘测这颗巨型气态行星的成分、磁场和重力。

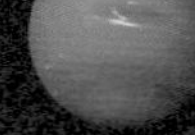

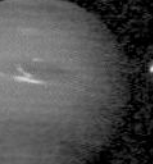

木星　土星　天王星　海王星　冥王星

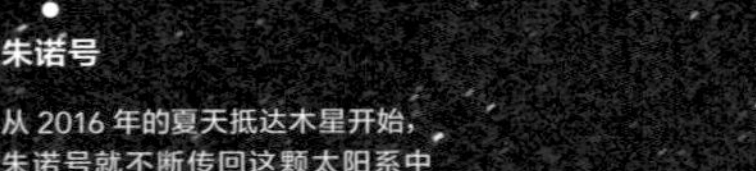

朱诺号

从2016年的夏天抵达木星开始，朱诺号就不断传回这颗太阳系中体积最大的行星的高清图像。朱诺号的科考任务包括探测木星的成分、调查木星是否具有固态的星核，以及尝试找出木星红斑不断缩小的原因。朱诺号携带了三尊铝制的乐高模型，它们分别是罗马神话中的众神之王朱庇特（Jupiter，也就是“木星”英文名字的来源）、他的妻子朱诺（Juno），还有伽利略——伽利略是第一个通过望远镜观察木星的人类天文学家。

新地平线号

New Horizons

2015年，新地平线号在完成对冥王星的探测后，随即前往柯伊伯带一颗编号为2014 MU69的小行星（现被正式命名为“Ultima Thule”，在波瓦坦语中意为“天空”，其正式的中文名称为“天涯海角”或“终极远境”）。2019年1月，新地平线号在飞越该小行星时发回了它的图像。

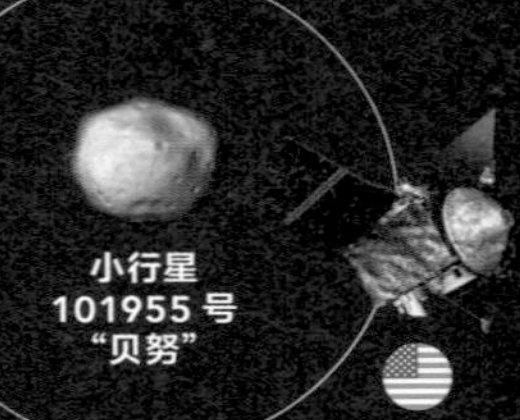

小行星101955号“贝努”

奥西里斯-雷克斯号

Osiris-Rex

目前正在勘测小行星101955号“贝努”。它于2023年携带贝努的表面样本回到地球。

好奇号

在迄今所有的行星登陆任务里，好奇号是最有野心和大胆的一个。从前的火星车都以充气的球形囊为缓冲，在被空投到火星表面后，球囊逐渐释放气体，缓缓放出包裹在其中的车体。但是好奇号却采用了一种前无古人的着陆方案，它借助一种名叫“天爪”（Sky Crane）的反推悬挂系统，像跳伞一样从半空直接降落到火星的表面。好奇号已经在火星上撑过了两轮火星的季节轮回。2018年11月，好奇号到达薇拉·鲁宾岭（Vera Rubin Ridge）的奥卡迪湖（Lake Orcadie），对湖面进行了第二次钻探。

新地平线号

2006年，当新地平线号航天任务正式启动时，它计划探索的目标天体还是一颗行星。但是在当年晚些时候，冥王星被从行星队伍中剔除，降格为矮行星，2015年，在经历长达九年的长途跋涉之后，新地平线号到达了柯伊伯带。我们得到了冥王星的清晰近照，堪称人类历史上头一遭。冥王星的表面光滑至极，丝毫看不到坑坑洼洼的坑洞。这可能意味着冥王星的表面会频繁发生抹平地形的地质运动。科学家对此仍非常困惑。

距离太阳 7.79亿千米　距离太阳 14.3亿千米　距离太阳 28.7亿千米　距离太阳 45亿千米　距离太阳 59.1亿千米

4

前往太阳的探测器

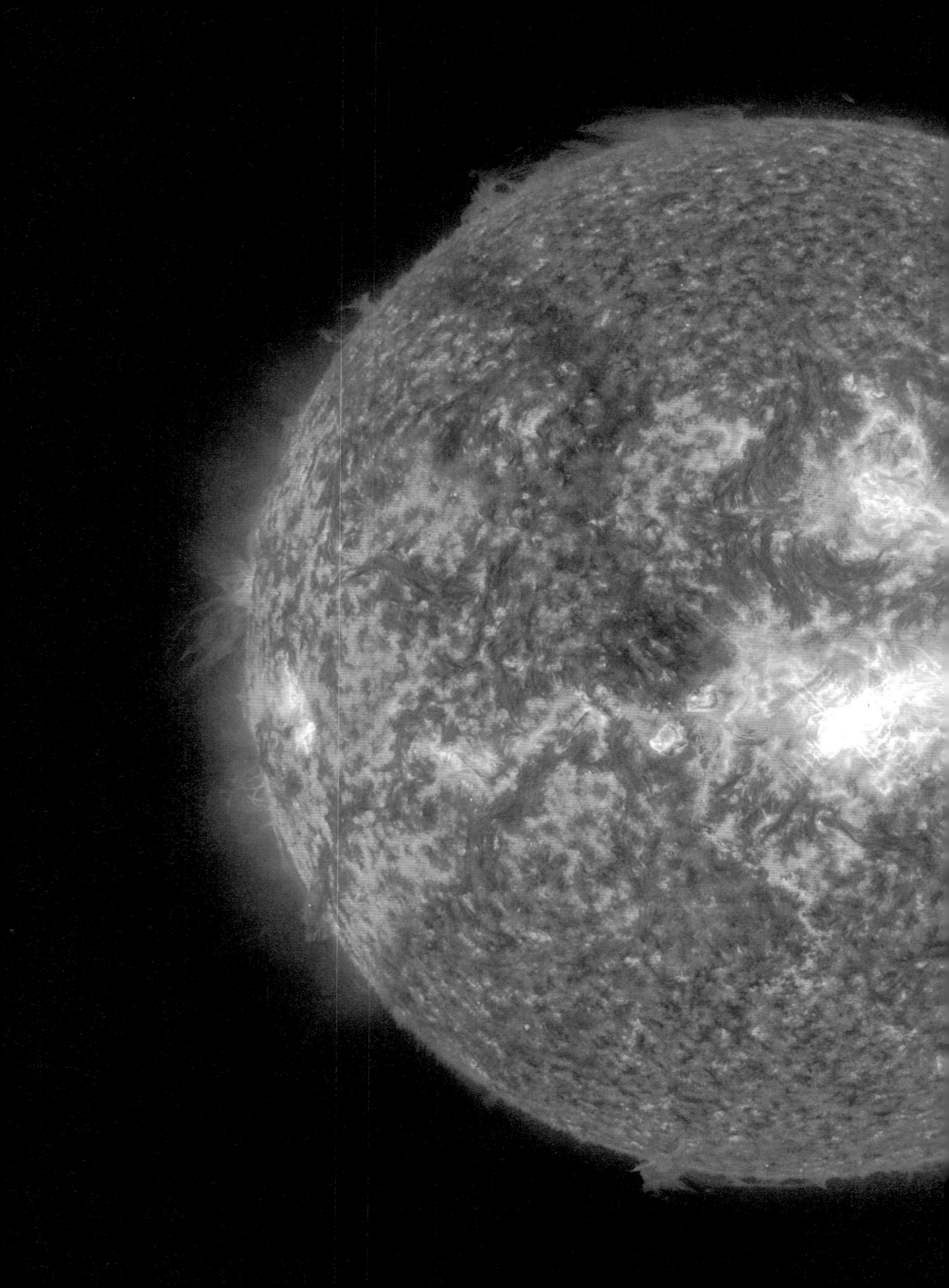

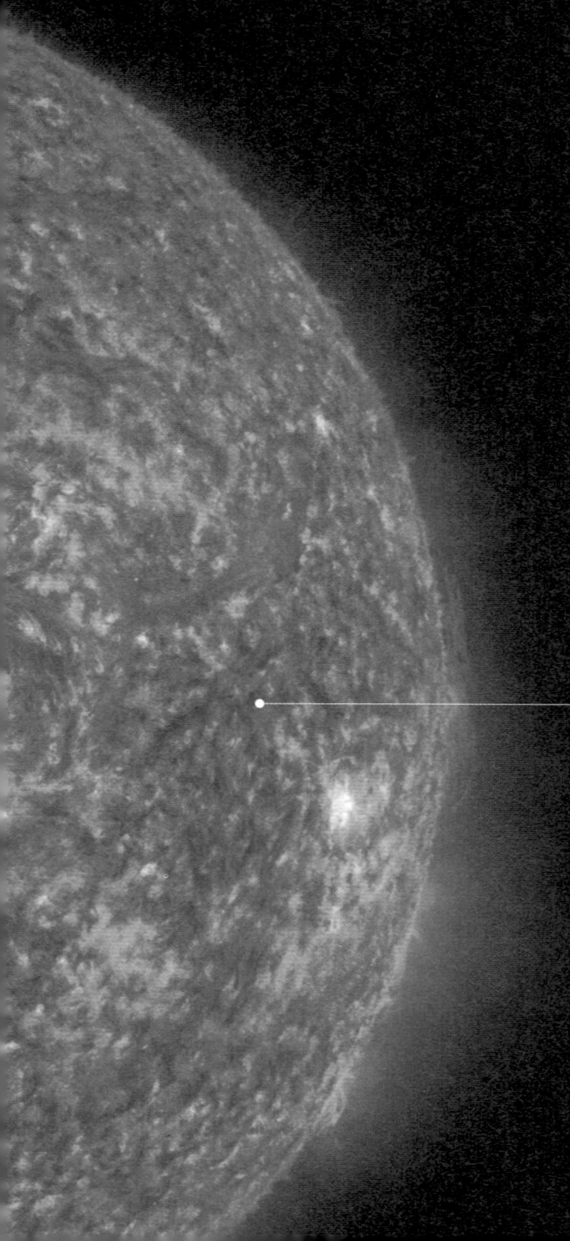

太阳

表面温度

5500 摄氏度

自转周期

25.38 个地球日

直径

1 391 000 千米

大气成分

以氢气和氦气为主

THE SUN

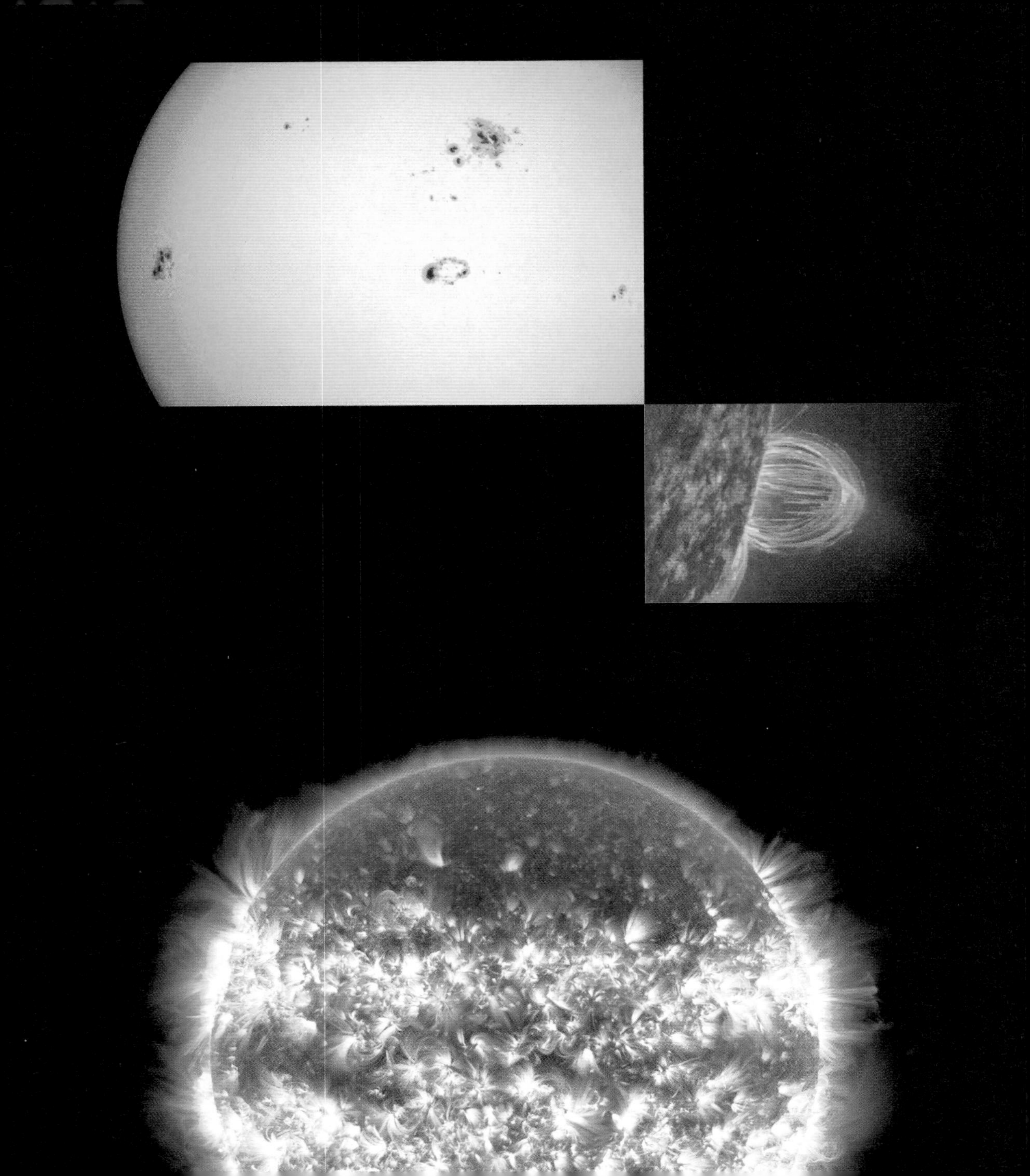

论太阳系中哪个成员的质量最大，地位最举足轻重，答案毫无疑问是直径约1 400 000千米的太阳。太阳的质量大约为1.9891×10^{30}千克，大约是地球质量的33万倍。即便如此，如果把太阳放到整个宇宙里比较，它也只能算是一颗体型中等的恒星。太阳的内核有与其巨型体积相称的巨大压力，它的核心温度可达1 000 000摄氏度。当太阳内部的等离子体（等离子体是带电的高能氢和氦粒子）到达表面时，温度会冷却到5500摄氏度以下——说是“冷却”，其实还是滚烫的：由这数千摄氏度高温的电浆释放出的光能，是整个太阳系的能量之源。

极端的物理状态造就了一个极度不稳定的天体。太阳的最外层一直在蒸发，无数高能粒子脱离太阳冲向太阳系，由此形成的粒子风暴就是我们平时所说的“太阳风”。与此同时，电浆在太阳内部的流动产生了巨大的磁场，它的半径达到了180亿千米。太阳磁场的方向每过11年就会倒转一次，每到这个时候，太阳中的物质就会从内部冲到表面，然后爆炸并形成醒目而美丽的耀斑。

对页图，从上到下：

由 NASA 的太阳动力学天文台抓拍到的太阳耀斑图像。

这幅图是由 25 张照片拼成的，显示了太阳在一年中的活动情况。

太阳黑子之所以黑，是因为它们是太阳表面温度较低的区域。

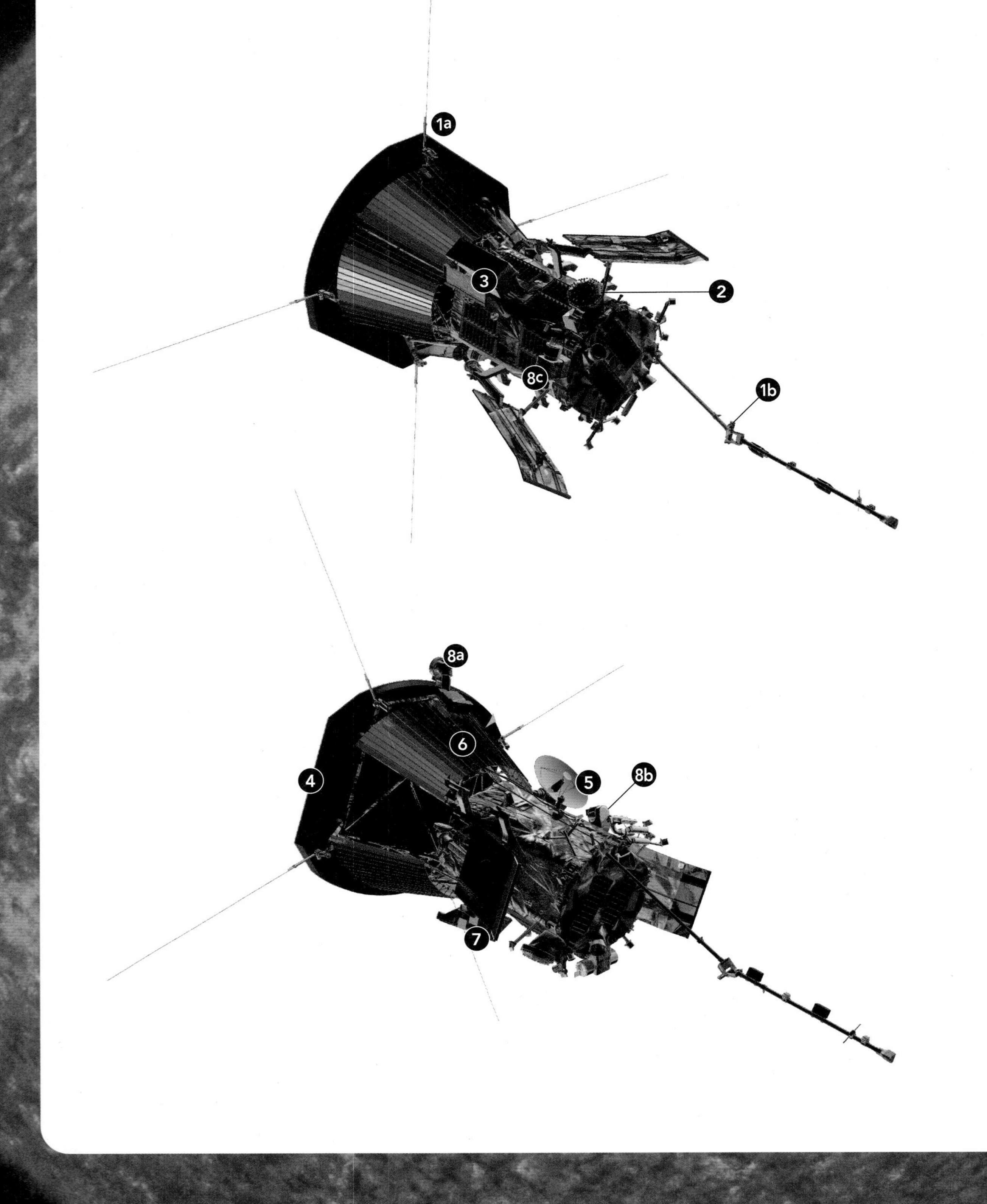

1a
3
2
8c
1b
8a
6
4
5
8b
7

帕克太阳探测器

❶ 电磁实验仪

对太阳风中的电磁场和电磁波、太阳风本身的密度波动以及无线电辐射进行直接的测量。

❷ 太阳综合科学调查仪

用来观测高速电子、质子和相对质量较大的粒子，并探究这些粒子与太阳风和日冕结构的关系。

❸ 太阳宽视场成像仪

拍摄探测器附近的太阳风、太阳能量爆发以及其他电浆活动的图像。

❹ 热保护系统

帕克探测器的热保护系统包含一块厚达 11.43 厘米的复合碳保护板，它能承受约 1377 摄氏度的外界高温。

❺ 高增益天线

用于与地球保持联络。在靠近太阳时，帕克探测器的下行数据传输速度大约为 167kB/s，与现代的民用宽带网络相比，这个速度实在是不算高。

❻ 电池阵列的冷却系统

帕克探测器太阳能板的受照强度相当于地球轨道卫星的 475 倍，电池阵列的冷却主要依靠一块面积为 4 平方米的散热板，它能把大部分过剩的热量以辐射的形式耗散到太空里。

❼ 太阳能电池组

尽管面积仅有 1.55 平方米，但是在距离太阳最近的时候，帕克探测器的电池组能产生 388 瓦的电力。

❽ 太阳风电子、阿尔法粒子及质子调查仪

对太阳风中含量最丰富的这几种粒子进行计数，同时对它们的物理性质进行测量，如速度、密度和温度。

我们的航天器已经抵达冥王星和太阳系的外围区域，火星车颠簸驰骋在火星的表面，但是太阳却一直是人类从未踏足的神秘之地，而现在……

上图：
帕克太阳探测器的电池组正在接受散热测试。

2018年夏天，NASA启动了一项新的太空任务——发射帕克太阳探测器，可以说这是人类最雄心勃勃的太空项目之一。帕克太阳探测器将以720 000千米每小时的惊人速度驶向太阳，到达人类航天器此前从未深入过的近日腹地。有多近呢？负责该项目的科学家形容帕克探测器将“碰到”太阳。所谓的碰到，其实是指它会多次进出太阳的大气层，也就是“日冕”。而在那里，帕克探测器并不是唯一在太阳大气附近运行的人造航天器。

欧洲航天局于2020年发射了太阳轨道飞行器（Solar Orbiter）。太阳轨道飞行器并不会像NASA的帕克探测器靠得那么近，但是它依然会在近日轨道上暴露于强烈的日光下，承受比地球轨道航天器高500倍的太阳辐射。除了距离，两者的运行轨道也不同：帕克太阳探测器会不断地进出太阳的大气，它只在近日点附近时才需要短时承受极高的温度；而太阳轨道号则将数年如一日地运行在相同的轨道上，在相对固定的距离上观测太阳。

不管是NASA还是欧洲航天局的太阳探测器，它们的目标都一样：深入研究太阳的电离气体——也就是电浆——从大气层喷薄进入太空的整个过程。太阳持续不断地向太空喷射着高能的带电物质流，这种物质流被科学家称作“太阳风”（solar wind）。太阳风把太阳的能量和磁场延伸到了外太空，对太阳风的深入研究有望解答一个多年来困扰科学家们的疑惑，它也是确保地球技术产品安全的关键问题。

大风起兮

当太阳风扫过地球时，它会干扰甚至损坏电子设备——不管它们是在地球轨道上还是在地球表面。

有时候太阳的活动变得十分频繁，强度增加的太阳风会被称作太阳风暴，发生在1859年的卡林顿事件（Carrington Event）是人类有记录的太阳风暴中最猛烈的一起。虽然当时的社会还没有多少现代化的科技产品，但是太阳风暴还是造成了社会混乱，它不仅令全球的电报网陷入瘫痪，还让罗盘失灵。

强度如此之大的太阳风暴往往数百年一遇，较为温和的则更常见。绝大多数的时候，太阳风暴都会给地球带来明显的影响，只是严重与否的区别。比如1989年3月，一场强度较小的太阳风暴导致加拿大魁北克水电公司的变电设备严重损坏。尽管维修人员全力抢修，该地区的电网还是陷入了长达9小时的瘫痪。离我们更近的一次是在2003年，在万圣节左右来袭的一连串太阳风暴导致NASA超过半数的卫星出现不同程度的功能异常，许多航班不得不调整航线避免靠近高纬度地区，因为那里出现了前所未有的绚烂极光，暗示大量辐射的存在。

美国科学院在最新的一项研究中发现，如果缺乏及时有效的预警措施，一个巨型太阳耀斑爆发所产生的太阳风暴单在美国就会造成2万亿美元的经济损失，不仅如此，有些设备故障还无法在短期内得到修复。美国科学院的研究报告进一步指出，巨型耀斑爆发对发电站的损伤会非常严重，可能导致美国东海岸断电一整年。欧洲和美国的情况相似。

现代科学对太阳的关注和研究可谓成效初显，今天的许多发现和知识是从前的人们渴求而不得的。早在太空时代拉开帷幕前的19世纪，人们就发现了太阳的一个神秘现象。1869年8月7日，俄国和北美洲大陆上的天文学家们齐聚一堂，准备观察发生在当天的一场日全食。

在短短几分钟的黑暗里，科学家看到了一种他们从来没有见过的景象：在全黑的太阳之外，有一层若隐若现的光环（日冕），那其实是太阳的外层大气。这个发现在当时的天文学家中引起了轰动。天文学家查尔斯·奥古斯都·杨（Charles Augustus Young）和威廉·哈克尼斯（William Harkness）尝试用分光镜研究日冕光线的组成成分。两名天文学家依据不同化学元素在受到激发后会发出不同波长的光的原理，希望通过日冕的光线成分推测日冕的化学元素组成。两人经过各自独立的研究，都发现日冕的光中包含了波长为530.3纳米的绿光。他们的发现让当时的很多科学家兴奋异常，因为那时候的科学家们还没有发现哪种元素的激发光落在这个波长上，所以天文学家们认为他们发现了一种新元素。这种未知的元素被命名为“冕”元素（coronium）。

探测器与太阳的相对位置

（RADII即“太阳半径”，天文学上的长度单位）

帕克太阳探测器会时不时“潜到”距离太阳10个太阳半径的位置，

而太阳轨道号则会长期驻守在60个太阳半径的轨道上。

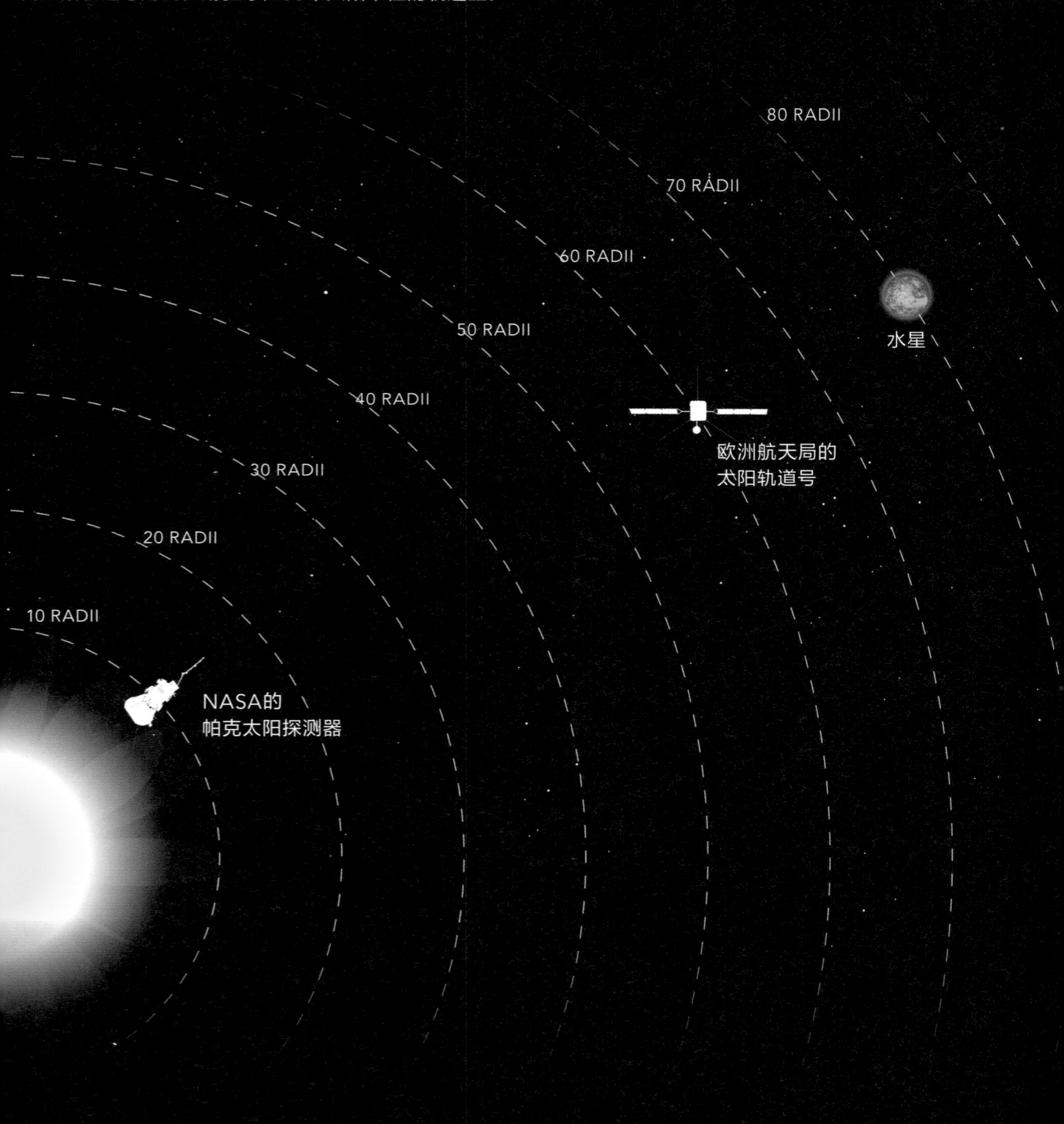

事实上，杨和哈克尼斯都弄错了，但是直到20世纪30年代科学家们才明白他们错在了哪里。天体物理学家沃尔特·格罗特里安（Walter Grotrian）和本特·厄德朗（Bengt Edlén）在实验室里发现，能够在受激发后发出这种绿光的其实是铁元素，并不是什么人类从没见过的神秘元素。但是，激发出绿光的前提是要把铁元素加热到超常的3 000 000摄氏度，使其变为等离子态（电浆）。解开这个误会之后，真正的谜题出现了：在太阳的日冕里，到底是什么东西让铁元素的温度升到了3 000 000摄氏度？这个问题的答案事关重大，因为太阳表面的温度仅（这个“仅”是在天文学中而言）为5500摄氏度。“这种情况违反了自然界和物理学的基本定律。当物质离开热源的时候，它的温度理应越来越低，而不是越来越高，这就好比水不应当往高处流。”尼古拉·福克斯（Nicola Fox）解释说，他是一名参与航天器任务的科学家，任职于约翰·霍普金斯大学的应用物理实验室，“到底是什么东西让日冕里的物质急速升温到了3 000 000摄氏度？这是目前有关太阳的头号谜题。”

如果对你来说这还够不上“未解之谜”的程度，那么还有一个相关的事实会让它变得更引人入胜：太阳表面温度飙升的位置，正好是气体突破太阳表面逃逸到太空的地方。“如果太阳只是一个体型巨大的气态恒星，那么它将牢牢抓住星球上的所有物质。但是事实上，电浆却能够摆脱太阳的引力，让太阳系的所有行星都沐浴在太阳风之中。”福克斯说。

福克斯所说的太阳风的主要成分是氢和氦。在日冕的某些区域里有局部的超高温，向我们泄露这个秘密的铁元素其实只在日冕里占极微小的一部分。太阳风所到之处，太阳的磁场也紧随而至，两者都以1 600 000千米每小时的速度向宇宙空间

上图：
欧洲航天局的太阳轨道号于2020年发射升空。

弥漫。太阳风沿途扫过每颗太阳系的行星，在与地球相遇时，它能激发绝美的极光，给地球两极的天空平添了几抹绚烂。

消暑降温

天文学家认为太阳风的加速发生在距离太阳10个太阳半径的地方。“那正是帕克探测器距离太阳最近的地方，是一个具有重大科学意义的宇宙地带。”伦敦帝国理工学院的蒂姆·霍伯里（Tim Horbury）教授说，他是负责帕克太阳探测器上场感应设备的联合首席研究员。

进入距离太阳很近的范围内是非常危险的举动，而帕克探测器的任务要求它必须一次次深入霍伯里教授所说的具有重大意义的地带。多亏有一套创新的热保护系统，帕克探测器才能在任务中完好无损。这套保护系统由两块板和中间的碳多孔层构成。朝向太阳的板面是白色的，反光性强；中间的碳多孔层轻盈而蓬松，空气占其总体积的97%。热保护系统是专门为帕克探测器量身打造的，也是帕克探测任务得以付诸实施的关键技术。整个保护装置的厚度将超过11厘米，在靠近太阳时它的向阳面需要承受高达1377摄氏度的温度。而经过碳多孔板的高效散热作用，在热保护系统的背面，探测器所在的空间将一直维持21摄氏度左右的温度。

太阳轨道号的防热手段有些不同，因为它运作的工作环境温度相对较低，它需要的是持续且稳定的隔热效果。太阳轨道号所要面对的最高温度可能在520摄氏度左右，但是和帕克探测器不同，它没有机会时不时地跑到金星的轨道上冷却机体。太阳轨道号的隔热罩是漆黑色而非反光性很强的白色。虽然暗色容易吸收大量热量，但是也能很快以辐射的方式将热量散向太空。这个隔热罩的原材料是钛合金，表面涂有一种名为太阳黑（SolarBlack）的保护层——太阳黑是一种从

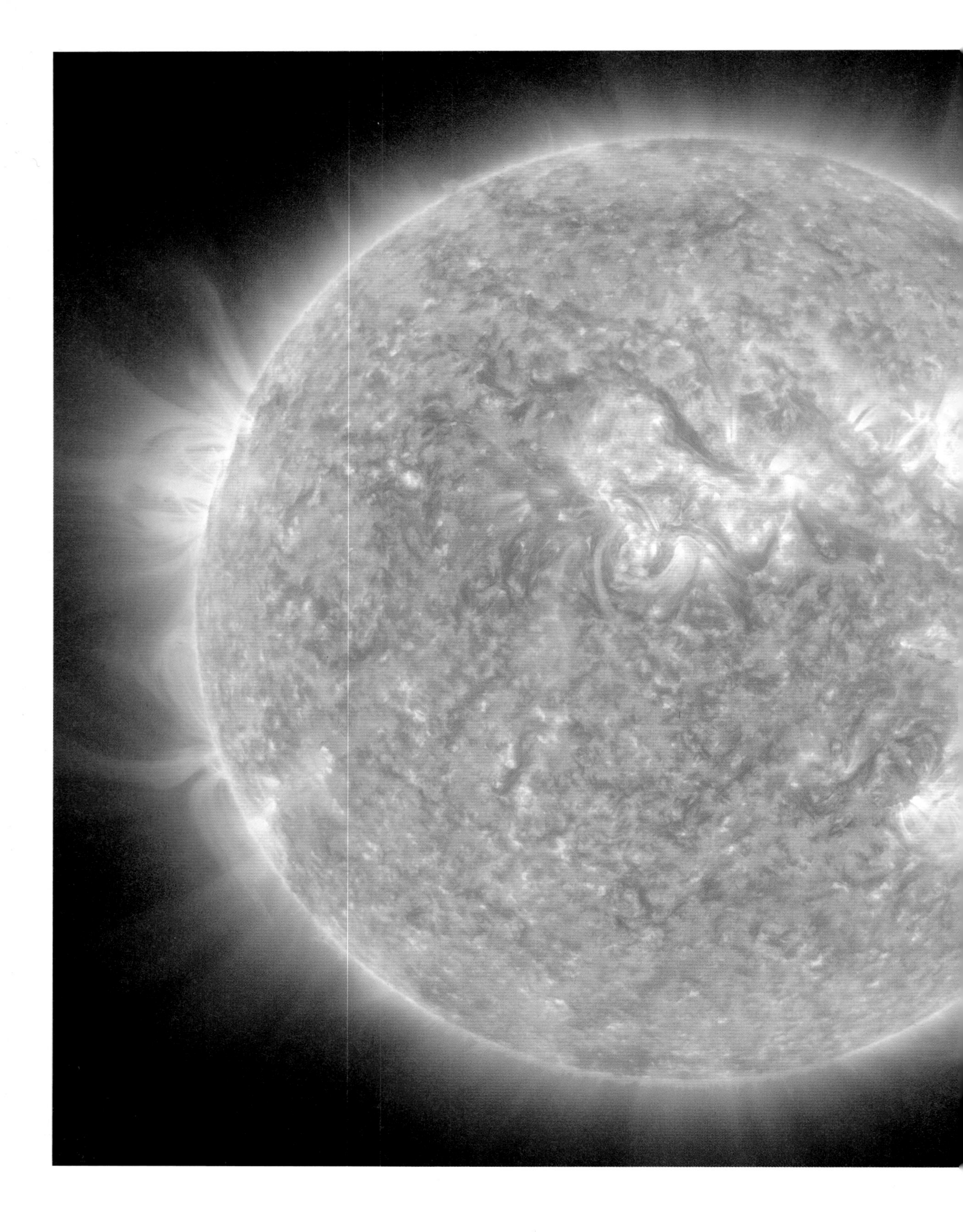

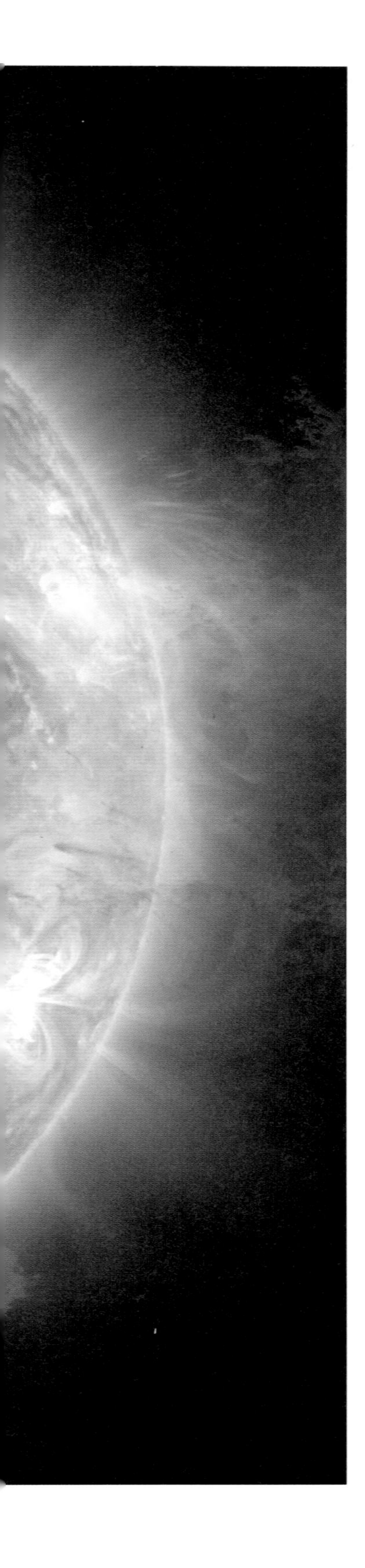

高温煅烧的动物骨骼中提取出来的有色涂料。

太阳黑的化学本质是一种黑色的钙磷酸盐，它在工业生产中的应用广泛，除了制造肥料和冶炼合金，还能过滤水中的重金属。这层保护层让欧洲航天局的太空探测器能在距离太阳60个太阳半径的地方高枕无忧地持续工作。虽然就远近而言，太阳轨道号的运行距离是帕克探测器最小工作距离的6倍，但是两个探测器的距离选择有它们各自的理由。“虽然帕克探测器要进入距离太阳非常近的位置，但它终归还是要靠望远镜才能观察太阳。”霍布里教授解释道。帕克探测器只装备了一套天文望远镜，其目标是观测太阳的边缘，拍摄太阳风从太阳表面“刮起”时的照片。它要尽量拉近与太阳的距离，才能取得较好的观测结果。

而太阳轨道号的望远镜对准的则是太阳的表面，它配备了许多不同的设备，可以观测各个波段的光线，天文学家们能够借此确定太阳表面的气体密度、温度和磁场强度。除此之外，它的另一套设备可以在太阳风刮过时检测上述的这些性质。因此，太阳轨道号并不需要进入距离太阳太近的区域，而帕克探测器的设计目的则是让它能够深入太阳大气，尽可能靠近能够观察到大气物质脱离与太阳风形成的临界距离。所以，两个航天项目的科学家可以通过分享数据，推测太阳表面发生的活动、太阳风产生的原理以及太阳风脱离太阳后的状态。

提前预警

太阳风暴已经不止一次向人类展示过它的破坏力，它能干扰地球的磁场，严重损伤重要的高科技设备。因此，针对太阳的探测任务除了向我们传回各种各样的有趣数据（甚至很可能颠覆我们对太阳的认识），更重要的是让我们找到办法保护赖以为生的日常技术——比如电讯通信、卫星定位，还有供电网络——免遭太阳的毒手。

目前，NASA的航天器ACE（先进成分探测器）只能在太阳风暴到达前30~60分钟向我们发出预警，这是我们仅有的太阳风防线。但是如果NASA和欧洲航天局的太阳探测任务能够顺利完成，那么预警时间有望被提前一到两天。这种估计的理由是：太阳风是太阳表面发生剧烈活动的产物——日冕中的物质在耀斑爆发后被喷向太空，形成太阳风，而这些物质从日冕到达地球需要一到两天时间。因此，监控太阳风的形成是我们评估其破坏力以及预测它到达地球时间的关键环节，也让我们能有更多的时间提前准备，保护重要的电子设备。

“新数据可以优化我们的估算模型，”福克斯说，“再过几年，只要我们监测到太阳上出现动静很大的活动，就可以依靠这些模型在第一时间精确计算出太阳风暴抵达地球的时间。”

探测器的公转轨道

帕克太阳探测器（NASA）
升空时间：2018年

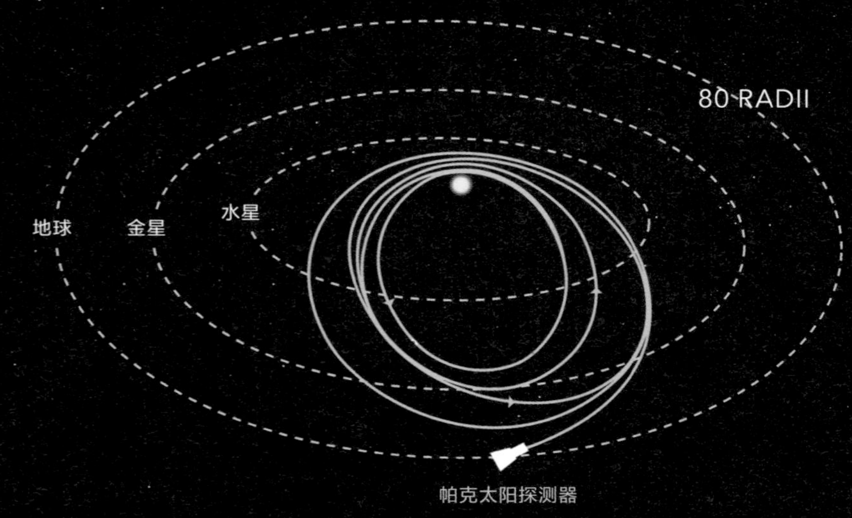

太阳轨道号（欧洲航天局）
升空时间：2020年

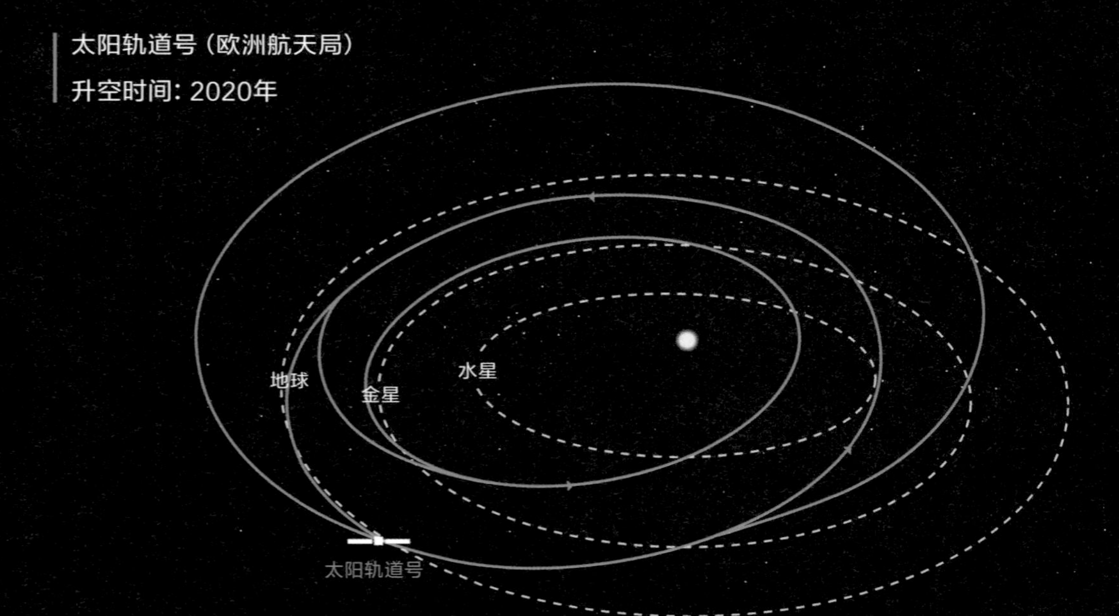

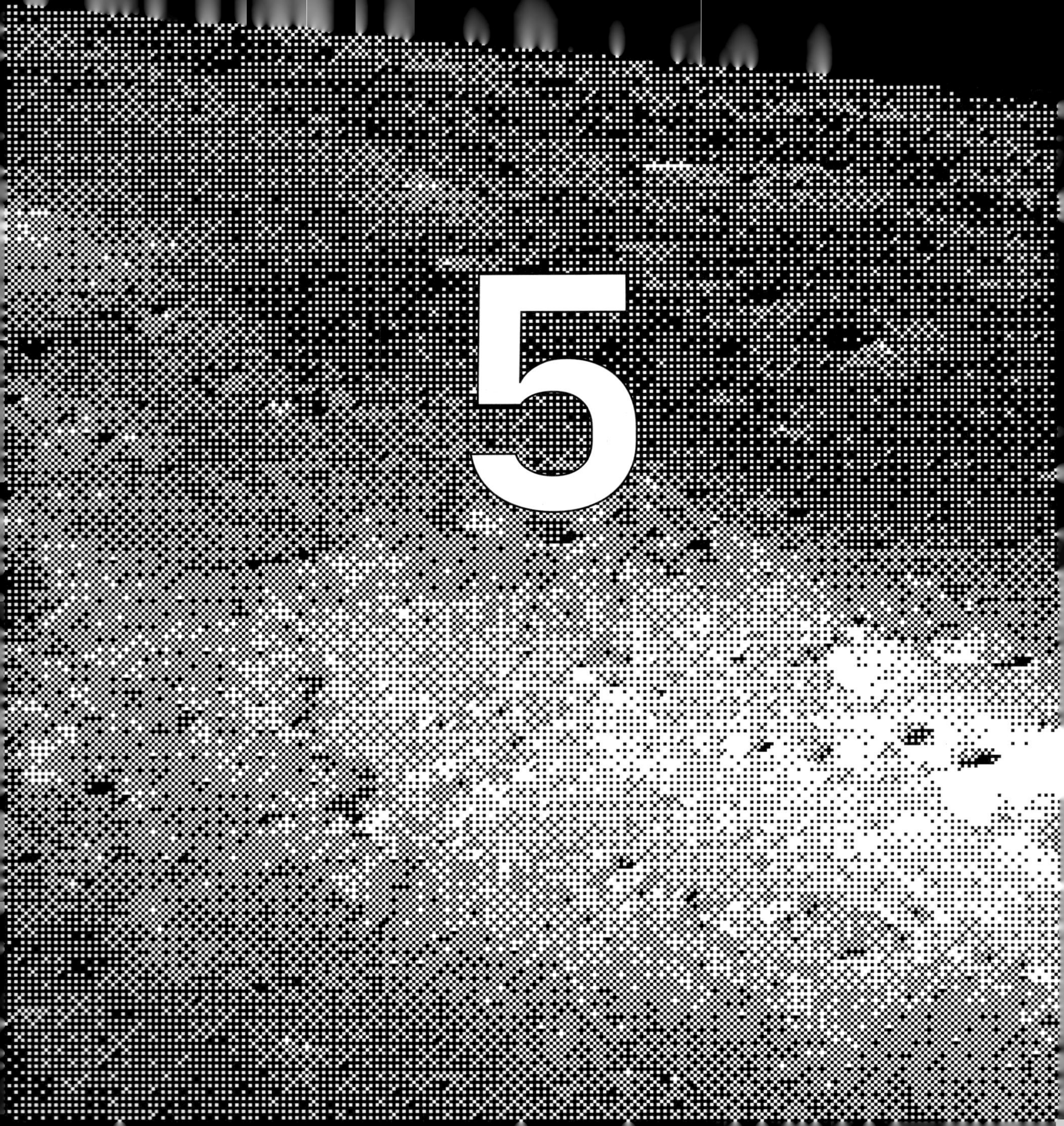
5

开采水星

取之不尽的能源之星

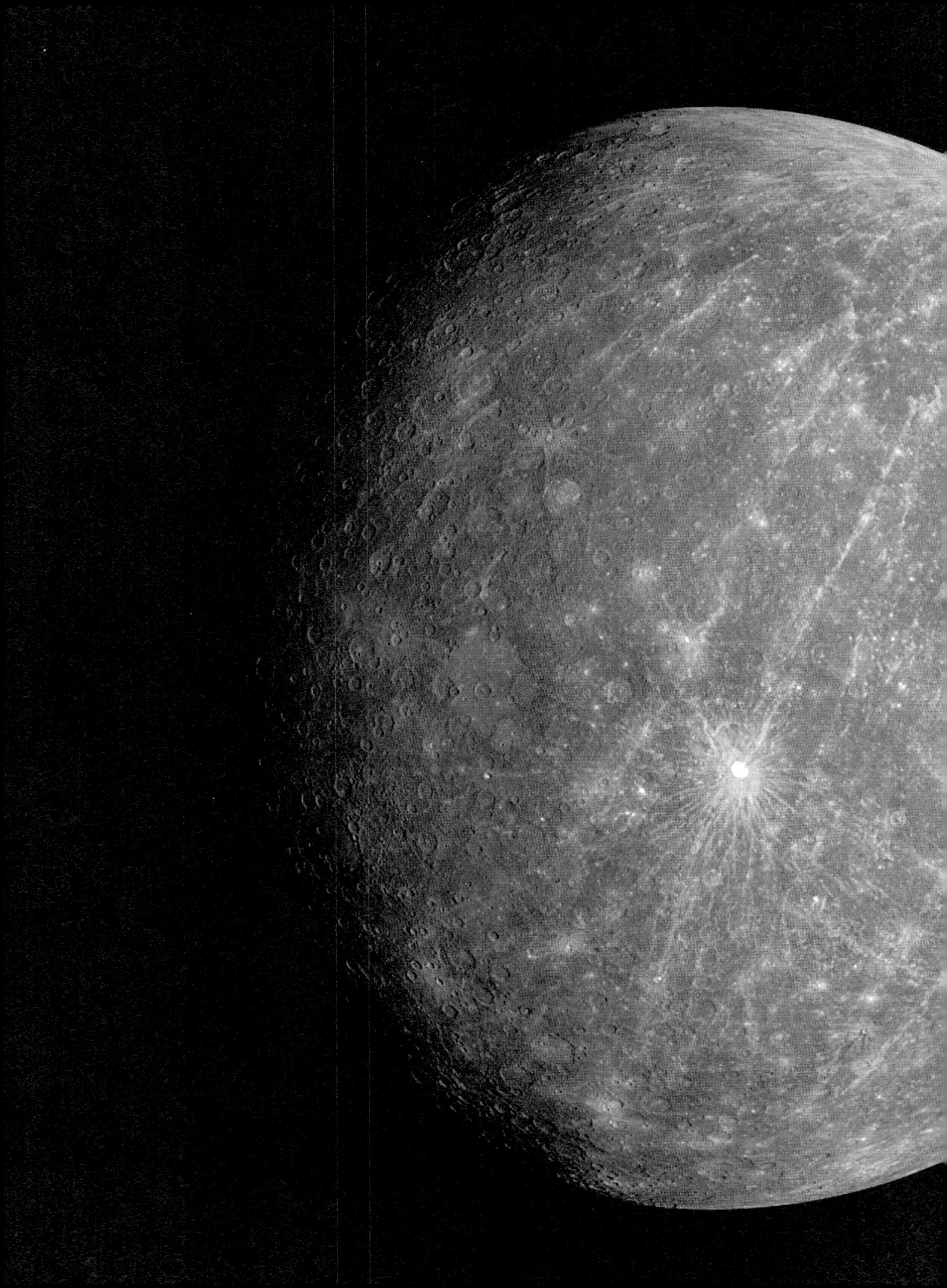

水星

表面重力（以地球为 1G）

0.38G

自转周期

59 个地球日

水星年

88 个地球日

卫星数量

0 个

MERCURY

水星是一颗能源丰富的行星，对它进行勘探和开采或许是人类离开太阳系的通行证。

作为在太阳系中位置最靠近中心的行星，水星曾经一度是神秘的代名词。多年以来，因为距离太阳实在太近，导致天文学家很难对它进行观测——但是，航天时代的来临带来了转机。NASA的信使号（MESSENGER）是人类历史上的第二个水星探测器，同时也是第一个水星的轨道探测器，它于2004年发射升空，并在2011—2015年在水星轨道上运行。信使号发回的数据让我们能够真正开始认识水星。2016年，水星经过太阳和地球之间——这是过去10年里的第一次。然后是在2018年，日本和欧洲航天局合作发射了贝皮·科伦坡号，它将在2025年抵达水星。

乍看上去，水星和月球很像：它们的体积都不大，没有空气，岩性的星球表面上布满了巨大而古老的陨石坑。因为主要成分和所处位置的不同，两者在细节之处有所区别。水星表面有一种标志性的线形地质结构，被称为水星断崖（rupe，拉丁语“悬崖”的意思），它的外表就像烂苹果表面的褶皱——两者不光外形相似，形成的原理也相似：水星断崖可能是行星冷却时，由于星球体积缩小、直径缩短数千米而产生的地质褶皱。

虽然水星的体积只比月球略大，但它的重力却是后者的两倍。水星曾经的体积更大，它的结构与地球相似：钢铁核心（地核）外包有岩石外壳（地幔）。水星很可能与另一颗年轻的行星发生过猛烈的碰撞，导致它失去了相当部分的外壳，留下一个大得不成比例的内核，行星密度也因此水涨船高。

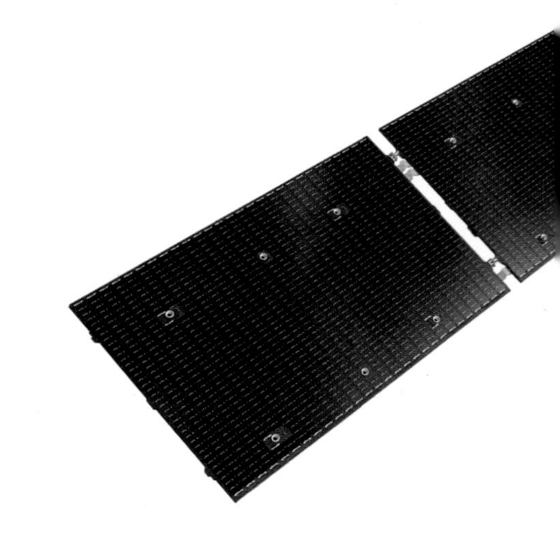

水星的公转周期为88个地球日，自转周期约为59个地球日。水星的公转周期（也就是一水星年）实在太短了，所以如果

身处水星，你会发现两次日出之间的时间间隔并不是59个地球日。水星距离太阳太近，以至于太阳的潮汐力（引力）牵制住了水星的自转：三个“水星日”（水星自转一周的时间）只相当于两个“水星年”（水星完成一次公转的时间）。由此导致的结果是，如果用地球的时间来衡量，那么水星表面每过176个地球日才能看见一次日出。

漫长的白天和黑夜让水星的气候在两个极端之间摇摆。白天，水星受到的日照强度相当于地球表面的7倍，星球表面的温度可以飙升到420摄氏度——足以让金属铅熔化。水星的大气早已被太阳猛烈的炙烤和辐射灼烧殆尽，没有了大气就没有了保留热量的温室效应，所以每当夜晚降临时，水星的温度又会大跳水，跌到-180摄氏度。

如此极端的温差意味着水星上几乎不可能有生命存在，不过如果有朝一日人类的开拓者登上了水星，自然母亲也不至于让他们穷途末路。由于水星的自转轴与自转平面之间没有倾斜角，所以水星上的气候没有四季的分别。这意味着我们可以尝试在水星的两级寻找陨石坑，它们中或许有太阳常年照射不到的阴影地带。不仅如此，信使号还发现了一个奇迹：冰块（固态水），它们是由一些坠落在上述永暗地带的小行星带到水星上的。未来执行水星开采任务的开拓者们或许会用得上这些维持生命的必需物质。另外，如果换个角度看，水星上强烈的日照其实是丰富的光能。同样是一块面积1平方米的太阳能电池，它在水星上的发电效率是在地球上的6倍之多。在木星和火星之间的小行星带中有一颗名为“谷神星”（Ceres）的矮行星，以其潜在的、极高的能源开采价值而著称，但是同样的太阳能电池板在谷神星上的发电效率仅为水星的六十分之一。

上图：
贝皮·科伦坡号由两个独立的轨道探测器组成，它们将分别在不同的轨道上探测水星及水星上的环境。

❶ 巨型的山崖

这张图片中有一条从左上向右下延伸的粗线，它被称作“发现山脊”（Discovery Rupes），是一条长 650 千米，高 2 千米的巨型断崖。水星上有许许多多类似的逆冲断层[1]，科学家认为水星核心冷却导致整个星体收缩是星体表面出现这些地质“褶皱”的原因。

译者注：

1. 由于地层之间的相互覆盖，一种年轻地层在下，古老地层在上的断层结构。

❷ 深度撞击

图中的这个陨石坑位于水星的卡洛里斯盆地（Caloris Basin），它的直径超过 1500 千米，是太阳系内最大的陨石坑之一。这颗陨石的撞击异常猛烈，产生的碎片飞到了距离陨石坑边缘 1000 千米以外的地方。而在与陨石坑相对的水星背面，那里有许多突兀的山地，它们很可能也是撞击的产物——巨大撞击产生的冲击波穿透了整颗行星，撕裂了行星背面的大地。

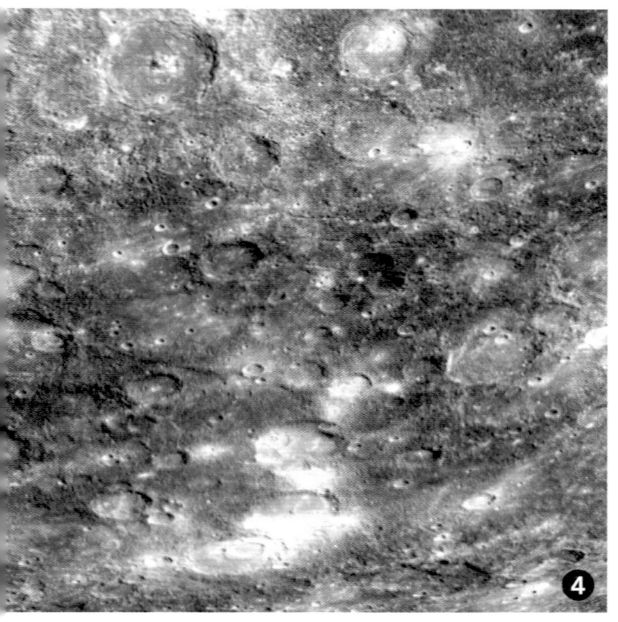

❸ 火山口

陨石撞击并不是塑造水星独特地形的唯一外力。科学家认为这张图片中亮度较高的区域是由火山喷发物堆积在火山口形成的，时间可能在数十亿年前。而位于右下方的不规则结构则是另一处更古老的火山口。

❹ 火山碎屑口

图中淡黄色的斑块是水星上的火山碎屑口。虽然这种地质结构在水星上随处可见，不过图中这处算得上是规模最大的碎屑口群——它足足跨越了10°的地理范围。类似的火山碎屑口可能是活火山爆发的出口：大量火山气体会从中喷出。

开采价值

就能源而言，地球上虽然不缺乏，但是开采的过程让我们有很多顾虑，尤其是为此而付出的生态成本。此外，把地球能源从开采地送入太空也非常不经济。因此，在外太空就地开采并使用是一种相对更理想的能源策略。这种设想距离实现已经越来越近了：美国国家太空协会（National Space Society）牵头组建了太空发展联盟（Alliance for Space Development），旨在推动与太空能源开采活动相关的立法和技术应用活动。

水星和月球的地幔（严格来说应该分别称其为“水幔”和“月幔”）相当类似，其中包含许多有用的成分，如氧、钙、镁、钾，甚至还有钛和铝等相对质量更重的金属元素，这让它极具开采的价值。与我们毗邻的月球可以作为太空开采技术的试验田，出产的成果则可以相对容易地移植到水星的开发上，而水星上丰富的太阳能不仅能直接为资源开采活动供能，还能用来向太阳系外围发射资源包——通过一种叫“质量加速器”的假想装置。质量加速器是一种靠电磁场加速物体的投射装置，最初由科幻小说家亚瑟·克拉克（Arthur Clarke）提出。比起将月球弄得伤痕累累，开采遥远的水星是更容易让人接受的选择。月球和水星的星核都以铁为主，同时富含其他金属。但是水星的星核相对更大——在某些位置，只要挖掘大约600千米就能到达水星的核心，而月球虽然体积较小，核心却深藏在距离表面1400千米以下地方。

除了开采资源，水星还有很多极富想象力的可能性。比如我们可以把阳光当作免费的推进动力。如果有一种既强力又轻薄的太阳帆，可以在水星上用就地取材的铝成批生产，当阳光照射到反射性极强的帆面时，就会对其产生压力——相当于光子撞到帆的表面被反弹而产生了反向的推力。光产生的推力不大，但是已然足够，而且它胜在源源不断且没有代价。一面直径为800米的太阳帆在地球附近能产生大约5牛顿的推力，这与NASA在黎明号（Dawn）上配备的低马力离子推进器相当。而离太阳越近，太阳帆受到的推进力就越大——在水星附近，只需一面直径减半的太阳帆就能获得同样的推进力。所以如果你想乘着太阳帆去海王星，那么最好先朝反方向的水星前进，在那里获得更高的加速度，然后再掉头向太阳系外侧的目的地进发。

考虑到丰富的资源，水星极有可能在未来成为太空飞船的船坞以及太阳系最重要的星际港口。

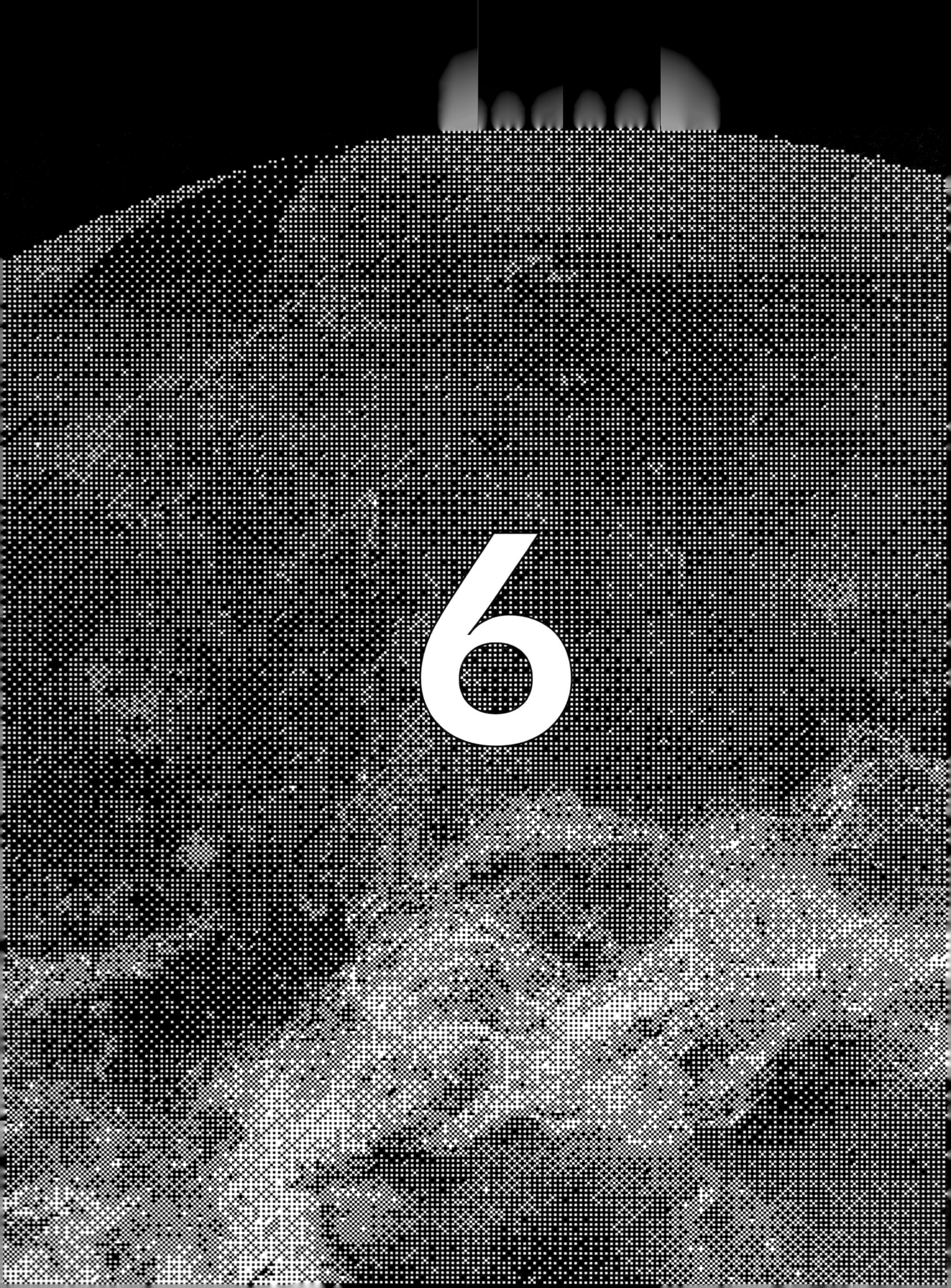

6

揭开金星的面纱

驶向金星的探测器

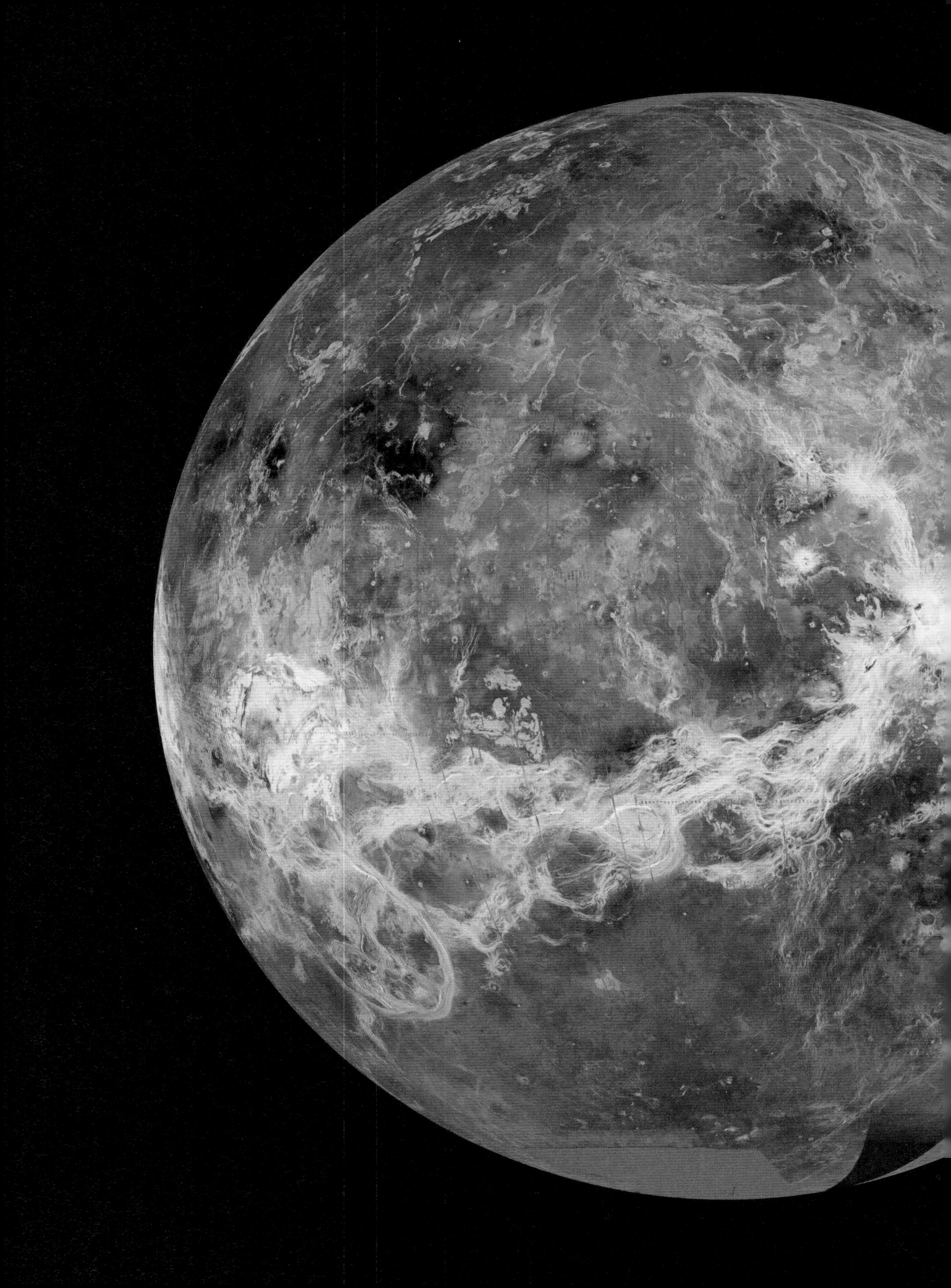

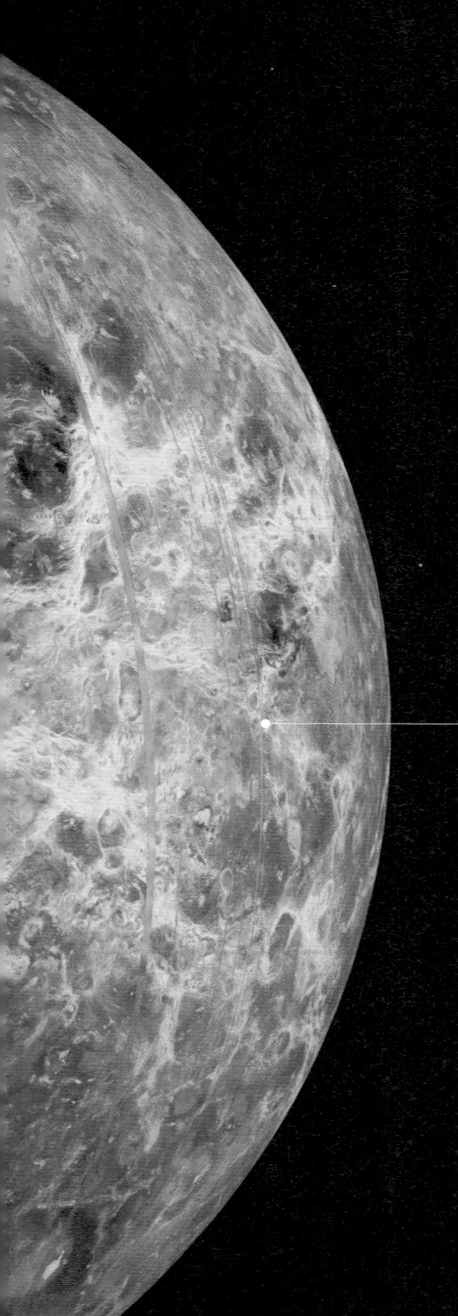

金星

表面重力（以地球为 1G）

0.91G

自转周期

243 个地球日

金星年

225 个地球日

卫星数量

0 个

VENUS

虽然轨道相邻，但是对我们来说，这颗位于地球内侧的太阳系第二号行星至今都扑朔迷离。不过，已经有许多针对金星的太空任务蓄势待发，有望揭开它的神秘面纱。

金星的英文名字取自罗马神话中的爱之女神维纳斯（Venus），除了这个浪漫的名字，现实中的金星与风花雪月再无任何瓜葛。金星和地球的公转轨道仅仅相距4500万千米，金星的质量是地球的80%，所以无论从距离上还是体量上来看，金星和地球都算是“勾肩搭背”的好兄弟。但是，这对兄弟的现状可谓天壤之别。

金星上常年有厚厚的“云雾”缭绕，所以在人类进入航天时代以前，没有人见过金星表面的模样。科学家们曾经有过各种猜测，有的认为金星表面是波涛汹涌的怒海，也有的认为是寸草不生的沙漠。第一个为我们揭晓答案的探测器是NASA发射的水手2号（Mariner 2），它在1962年飞过金星时发现了两件事：首先，金星表面的温度非常高；其次，金星和天王星一样，它们的自转方向与太阳系其他行星的都相反。自那以后，有数个配备了穿云雷达的金星轨道探测器曾参与过绘制金星表面的地形图，而苏联的登陆器证实了金星的表面环境极度严酷，根本不适合生物的生存。金星上既没有怒海，也没有沙漠，有的只是一番地狱般的景象。

金星的表面温度比厨房烤炉的最高火力还要高上大约一倍，达到了462摄氏度。金星的大气压是地球海平面气压的90倍，它把早年尝试登陆金星的探测器统统捏得粉碎。不仅如此，金星大气96%的组成成分是二氧化碳，这对地球生物来说无异于毒气。

第一个抵达金星表面并且成功传回信号的苏联金星探测器是1970年的金星7号（Venera 7）。不过，它在金星恶劣的环境里仅仅工作了23分钟就报废了。随后在1972年，金星7号的继任者，也是历史上最成功的金星探测器——金星8号（Venera 8），顺利检测并传回了金星表面的几项数据，包括温度、气压、风速和日照量。在工作63分钟之后，金星8号也寿终正寝。为了能够承受住金星表面的气压，金星探测器的设计参考了潜水艇的建造标准。虽然气压的问题得以解决，但是探测器的电子设备依然无法在金星极高的温度里坚持太久。苏联在20世纪七八十年代继续向金星发射登陆探测器，它们传回的照片虽然模糊，但是依稀可以辨别出其中的岩石景观。

1985年6月，苏联的两个维加（Vega）探测器在前往哈雷彗星的旅程中经过金星，它们向金星温度相对较低的高层大气释放了氦气球。每个氦气球都飘浮在距离金星表面50千米的云层里，它们都分别收集到了47个小时的监测数据。

更多的探索，更多的发现

1974年，NASA的水手10号（Mariner 10）在前往水星的途中经过金星，它拍摄到了金星大气活动的照片。美国随即启动了更有针对性的“开拓金星”计划，两个隶属该计划的探测器于1978年12月抵达金星。其中一个是金星的轨道探测器，用以研究金星的大气和绘制金星表面的雷达图；另一个则是复合探测器，由1个运输器和4个独立的小探测器组成，运输器负责将小探测器射入金星的大气层，而后者则在那里工作1小时左右，其间向地球传回收集到的数据。

NASA的下一个金星探测任务的是20世纪90年代初的“麦哲伦计划”，它的成果是一颗经过金星两级的轨道卫星和它所传回的大量雷达图。麦哲伦号传回的图像让我们看到了一个表面布满火山的金星。科学家们怀疑其中的许多火山依然在活动，但是这一点目前还无法得到证实。

欧洲航天局在2005年11月向金星发射了第一个航天器——金星快车号（Venus Express）。在长达8年的时间里，它一直运行在接近云层顶部的低空轨道上。金星快车号侦测到了金星大气中二氧化硫含量的明显波动，这意味着金星上的火山仍在活动。燃料耗尽后，金星快车按照预定的计划，于2015年初自毁于金星的大气层。

日本在2010年发射了名为“破晓号”的金星探测器，由于技术故障，破晓号没有能够按时进入预定的金星轨道。就在人们以为它会迷失在宇宙空间时，2015年，破晓号的控制中心成功挽救了它，让它进入了一个距离金星更远的新轨道，并在那里探测金星的大气层。

NASA的另外两个探测太阳系外侧行星的探测器也参与了收集金星数据的任务，因为它们在设计上需要借用金星的引力航行。这两架航天器分别是：木星探测器伽利略号（Galileo）在1990年2月飞过金星，拍摄了它的照片、测量了金星大气的粉尘、带电粒子和磁性，它还对金星底层大气做了红外线分析；土星探测器卡西尼号（Cassini）则在1998年4月和1999年6月两度飞过金星，它的目标是观测金星云层中的闪电，但是两次都一无所获。

命途多舛的登陆器

目前，科学家把未来探测金星的关注点放在了轨道卫星、新一代的探测气球和航空器上。专家认为，现阶段要在金星表面投放像火星车一样的登陆器实在是困难重重，不够实际。

NASA“发现计划”（Discovery Program）的下一轮终选名单里有5个太阳系的探测任务。第一个计划的代号是

对页图：
DAVINCI 是一个大气探测器，它的活动范围从金星的表面一直延伸到致密的云层顶部。

“DAVINCI”（Deep Atmosphere Venus Investigation of Noble gases, Chemistry and Imaging，即金星深层大气稀有气体、化学成分和成像调查），由NASA的戈达德太空飞行中心（Goddard Space Flight Center）负责。DAVINCI是一架大气探测器，它的活动范围不在外太空，而是从金星表面一直延伸到致密的云层顶部。

另一个计划将由NASA的喷气推进实验室（Jet Propulsion Laboratory）主导，任务的代号为“VERITAS”（Venus Emissivity, Radio Science, InSAR, Topography and Spectroscopy，即金星发射率、无线电学、干涉雷达地形测量、地形和光谱学研究任务），目的是以前所未有的高分辨率绘制金星表面的雷达图。VERITAS得到了欧洲同行的大力协助，它配备了由法国和德国工程师制造的红外摄像头，用来寻找金星表面炽热的火山物质。

除了美国，另一个金星探测器来自欧洲航天局一个由英国提议的航天项目，代号为“远景”（EnVision）。远景号是配备了先进雷达系统的轨道探测器，它能够探测到金星表面的微小变化，甚至可以探察到岩浆的流动或者类似的动态地形。

如果再看得长远点，一些研究金星的科学家们非常希望能够有新型的探测气球或者航空器帮助他们采集金星大气的样本。有人认为在金星致密的云层顶端可能有微生物存在，但这只是纯粹的猜想而已。

美国科学家正在为一种超前的构想做准备，他们计划用金星轨道器向大气层投放一种三角翼形的飞行器VAMP（Venus Atmospheric Maneuverable Platform，即“金星大气机动平台”）。一旦在金星大气中部署，VAMP将启动飞行模式，并在接下去的一年内游走于金星云层的上部和中部之间，收集数据并传回地球。在金星的白天，VAMP将飞到上层大气，利用阳光充电，然后在夜幕降临后回到云层之下继续工作。

所有这些航天任务都已经蓄势待发，相信很快许多关于金星的谜团都会真相大白。

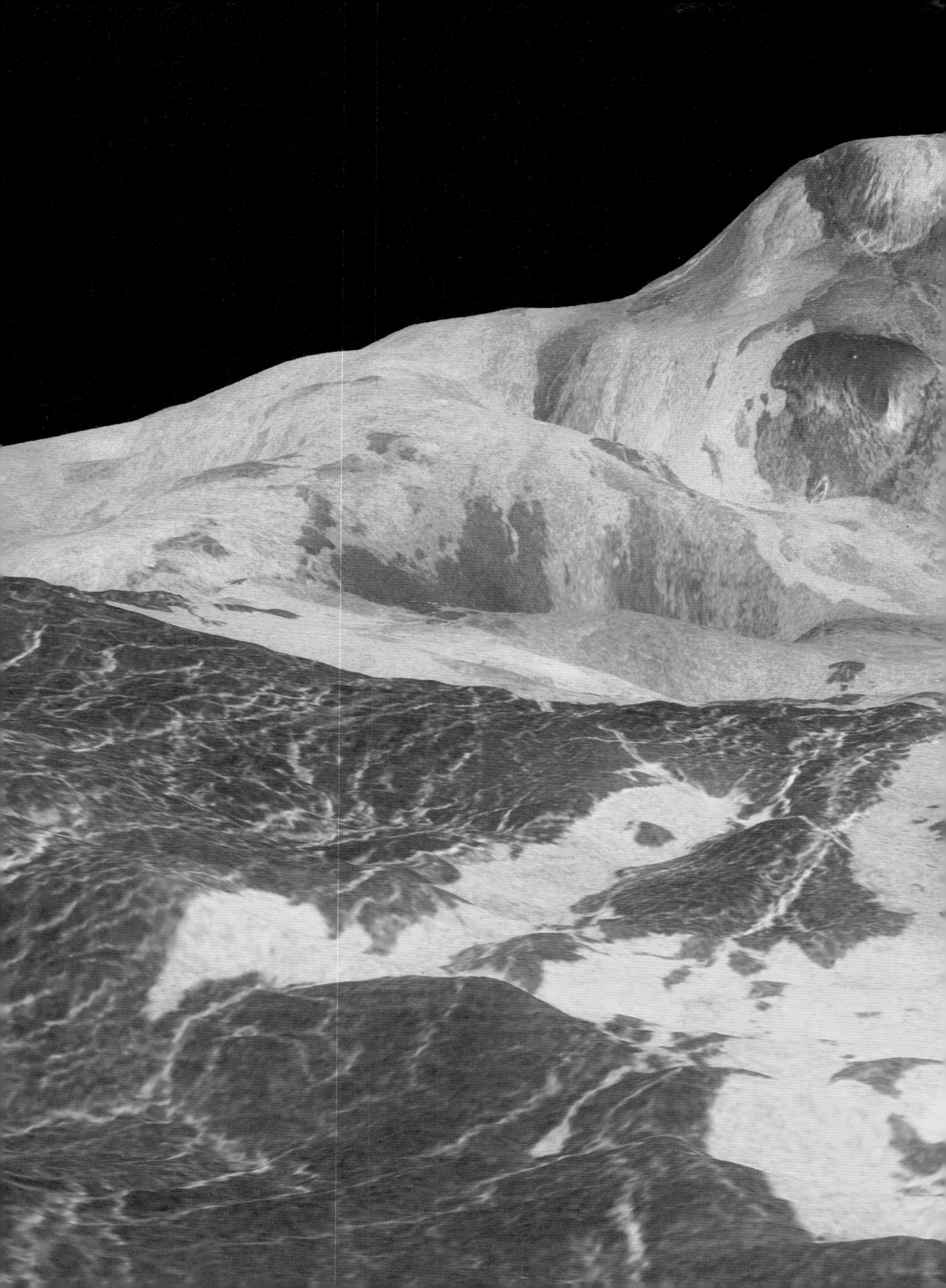

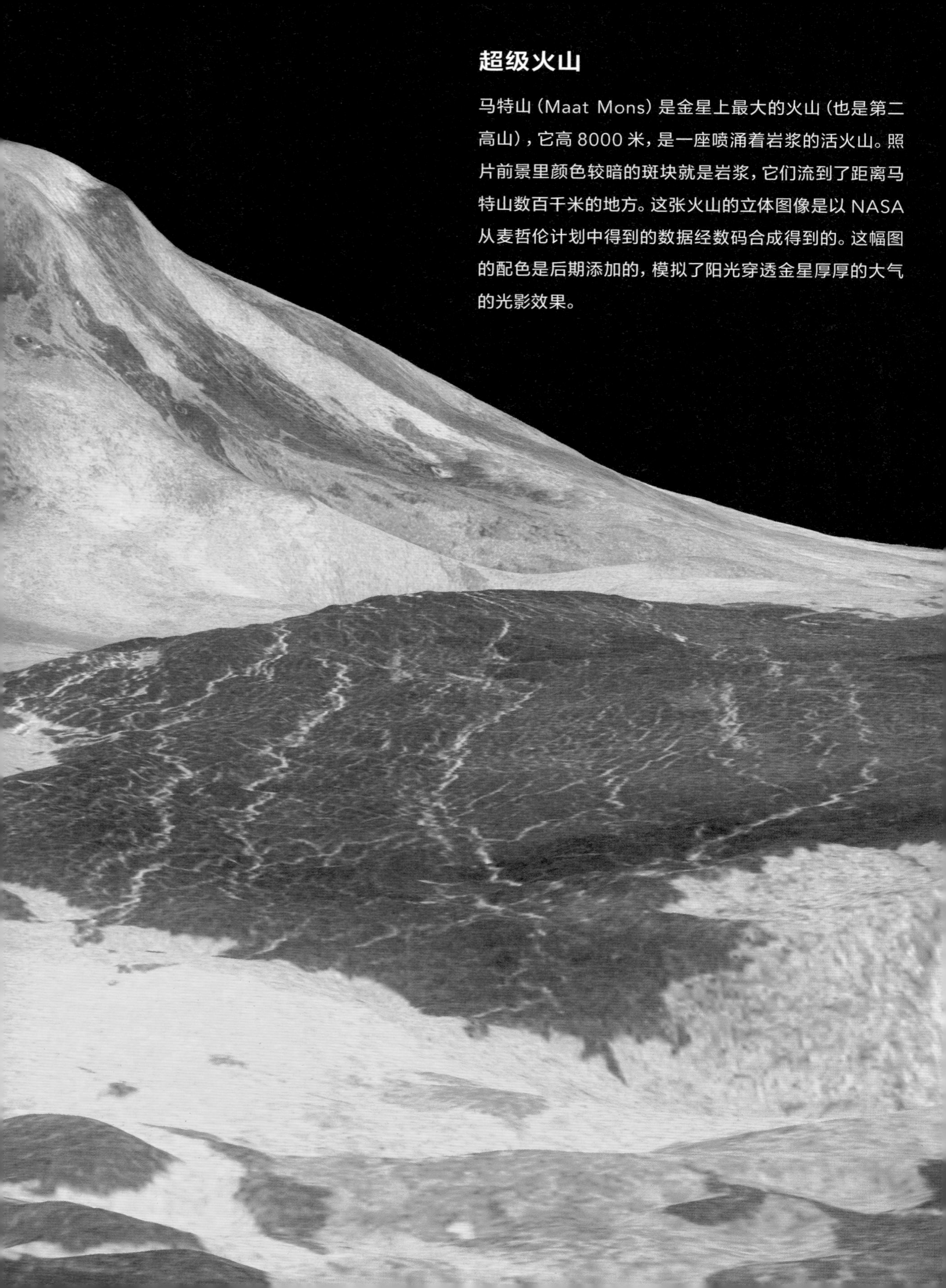

超级火山

马特山（Maat Mons）是金星上最大的火山（也是第二高山），它高 8000 米，是一座喷涌着岩浆的活火山。照片前景里颜色较暗的斑块就是岩浆，它们流到了距离马特山数百千米的地方。这张火山的立体图像是以 NASA 从麦哲伦计划中得到的数据经数码合成得到的。这幅图的配色是后期添加的，模拟了阳光穿透金星厚厚的大气的光影效果。

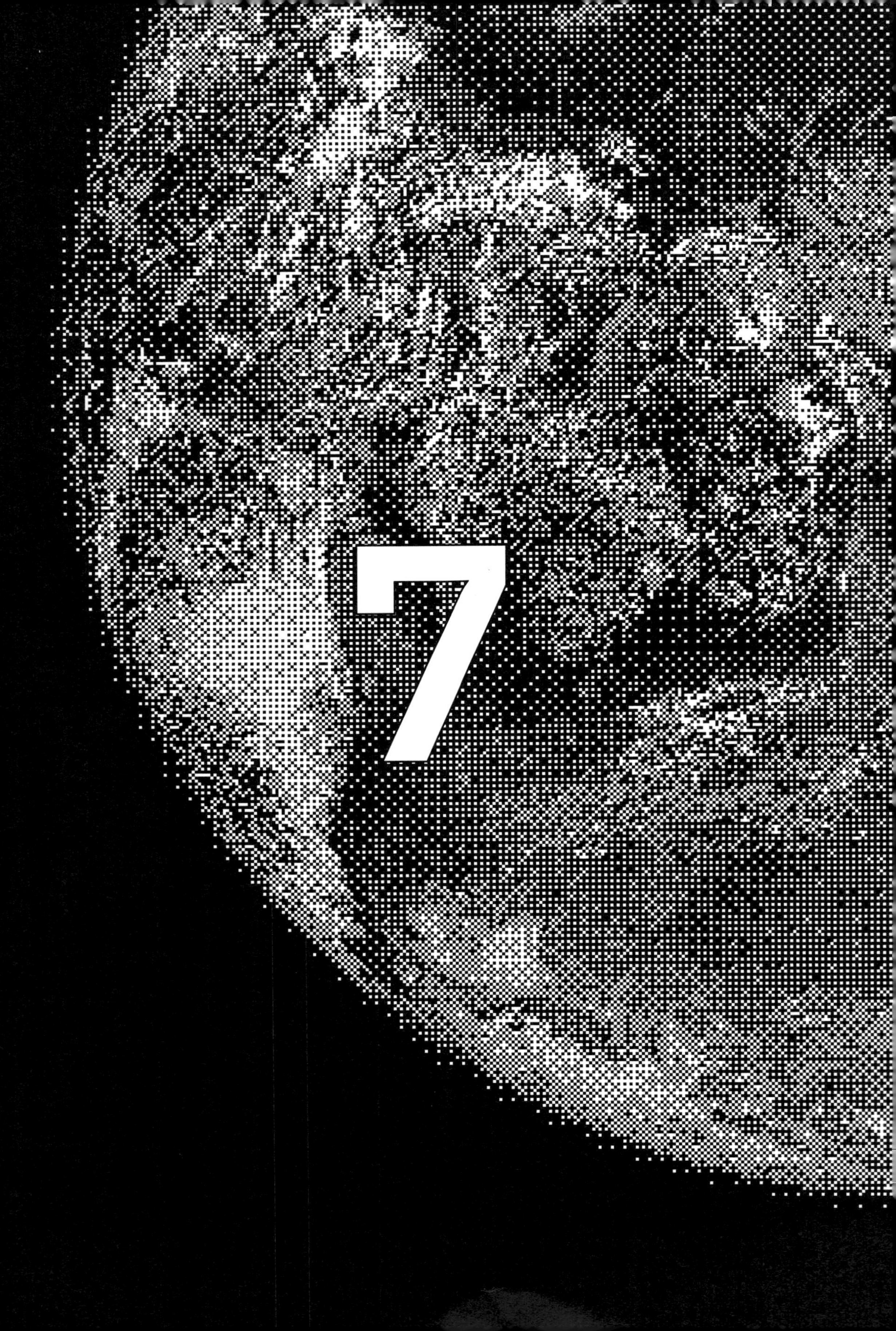

7

我们的蓝色星球

为什么地球是完美的家园

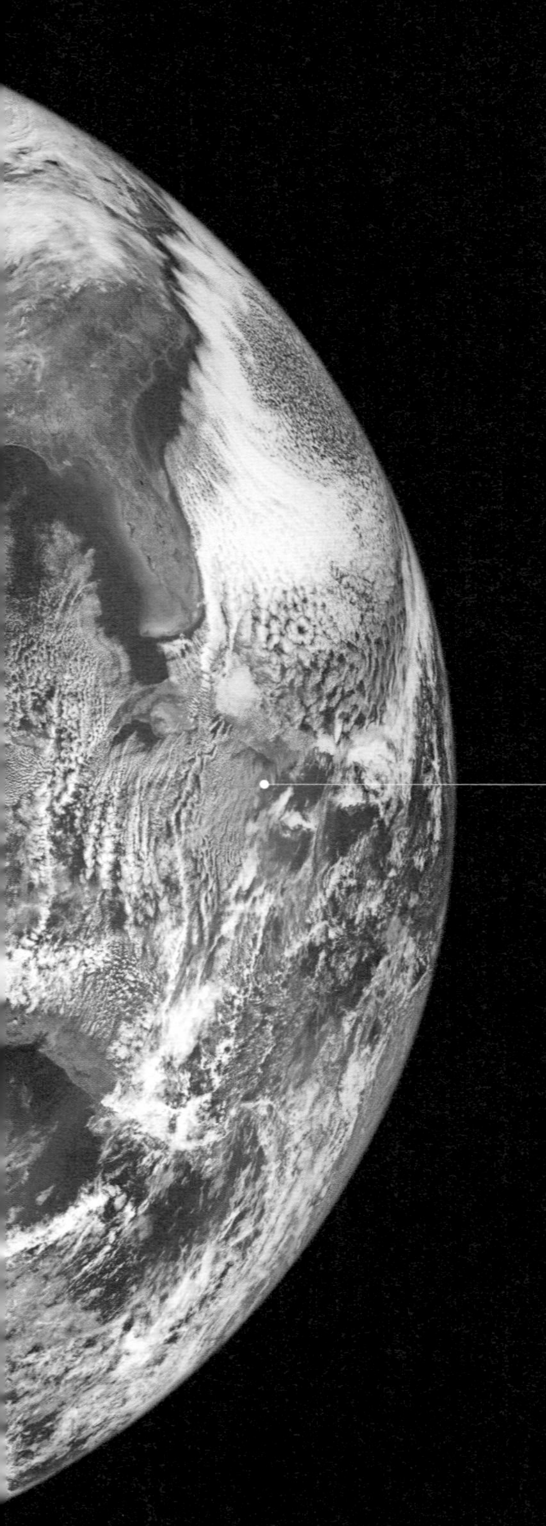

地球

自转周期

23.9 小时

地球年

365.26 天

卫星数量

1 个

地表平均温度

16 摄氏度

EARTH

太阳系行星的表面环境普遍十分恶劣，而地球却以其近乎完美的生态平衡独树一帜。

与其他岩质行星一样，地球主要由硅酸盐和铁组成。在形成过程中，地球不断地经历碰撞，导致地球表面成为一片巨大的熔岩海洋。地表的高温传导至地球内部，过高的温度甚至熔化了地球内部的硅酸盐和铁。铁的密度比硅酸盐大，因此熔融的铁会穿过硅酸盐向下流到地球的中心，最终形成一个熔融的铁芯（地核）。

地球形成后，经历了长时间的演化过程。早期的地球上有大量的火山活动和陨石撞击。随着时间的推移，地球的大气层逐渐形成，水蒸气凝结成液态水，形成了最初的海洋。地球上的生命也在逐渐演化和出现。

地球与太阳的距离既不近也不远，所以它既没有变成火烧的炼狱，也没有成为冰封的冻土。地球的位置恰到好处，适宜的气温让地球上有液态的海洋，而海洋是成就地球生态的关键因素。多亏了大气层和磁场的保护，让地球免受太阳风的猛烈侵袭，液态水才能在地球上安然地留存超过40亿年。

太阳风中的高能电子偶尔会在地磁磁场的引导下穿透两极的大气层，并与其中的氧原子和氮原子发生剧烈碰撞。在高纬度地区，这种碰撞会让天空出现光彩绚烂的发光现象，在北半球的被称为“北极光”（aurorae[1] borealis），而在南半球的则被称为“南极光”（aurorae australis）。

对页图：
挪威上空的北极光。

译者注：
1. 伽利略以罗马神话中的曙光女神奥罗拉（Aurora）为极光命名。

8

重返
月球

新一轮的月球竞赛
已经打响

月球

表面重力（以地球为 1G）

0.165G

自转周期

27.3 个地球日

月球年

354 个地球日

卫星数量

0 个

THE MOON

嫦娥四号在月球背面的着陆极大地激发了我们探索月球的热情，各国在月球上建造永久基地的计划正如雨后春笋般涌现。

“好了，我们走。别管摄像机了。”这句平平无奇的话具有十分不寻常的意义：它很可能是人类宇航员在月球上留下的最后一句有意义的话。说这句话的时间是1972年12月，阿波罗17号的宇航员用这句话给NASA前无古人的阿波罗登月计划拉下了帷幕。在此前长达三年的登月任务中，NASA总计把12名宇航员送上了月球，让他们在那里留下了脚印。但是在过去的四十多年里，这颗距离我们最近的邻居上再没有过人烟，偶尔造访的只有各种探测器和月球车。

这种情况或将迎来转变——至少欧洲航天局的局长约翰-迪特里希·沃尔纳（Johann-Dietrich Wörner）有他自己的宏图远景：他的理想是在月球上建立一个村庄。其他国家和地区的航天机构，包括NASA、中国国家航天局和俄罗斯联邦航天局，都提出过类似的设想。那么，这是否意味着月球作为人类永久定居点的时代已经来临了呢？

冲破引力的束缚

首先，我们必须承认一个现实：登月是一件很烧钱的事。有多烧钱呢？向太空发射的每一千克负载都要花费10 000美元（约合66 100人民币）。因此，发射的冗余质量总是越少越好。“现在天文学上有一个时髦的说法叫‘就地取材’。”英国威斯敏斯特大学的天体生物学家路易斯·达内尔（Lewis

上图：
1969年的NASA登月任务，阿波罗12号的宇航员查尔斯·康拉德（Charles Conrad）在用一把手持工具采集月球的岩石标本。

Dartnell）教授说。用大白话说，就是尽量使用星体本身的资源，因地制宜，以此缩减从地球发射的费用和代价。将来人类在哪里落地，就要充分利用哪里的能源和物资。

沃尔纳的构想是要在月球的背面修建基地设施。所谓月球的“背面”，只是相对地球而言，是我们总是看不到的那一面。中国科学家也认为那里是建造月球基地的理想位置，所以他们才在最近派出了嫦娥四号侦测月球背面的地形。月球的背面是架设望远镜的理想地点，因为那里不会受到任何地球电磁辐射的干扰。不过缺点是，届时需要为那里的月球基地配备一套完整的通信卫星系统，保证它们与地球的联络——对于任何驻扎在月球背面的基地工作人员来说，与世隔绝的孤立感导致的心理危机永远是一大难题。除此之外，如果单纯从资源的角度来看，那么以月球南极附近作为基地建设的起始点可能最为理想，因为那里有丰富的冰和矿物——目前，俄罗斯科学家正评估在靠近月球南极的马拉柏特山（Malapert Mountain）附近建立月球基地的可行性。

月球南极的另一大优势是气候。月球的环境与地球大相径庭，它需要将近一个月的时间才能完成一次自转。因此，在月球上的大部分地方，白昼和黑夜的时间都长达两个星期。而在月球的南极，有些地区就像地球上北极的极昼，几乎常年沐浴在阳光之下。在那里架设的太阳能板将得到充分的日照，成为月球基地稳定的电力来源。

如果直接派遣人类宇航员到月球上“开荒”的行为过于冒险，也许我们还可以考虑让机器人代劳。

日本宇宙航空研究开发机构（JAXA）的计划正是如此，它曾希望于2020年在月球上建成永久性的机器人基地：一个完全由机器运作的设施，机器人在97千米的范围内收集月球样本，送回指挥部并用火箭将它们运回地球。

中国的登月计划

中国的嫦娥四号携带着玉兔二号月球车，于2019年初登陆月球，成为第一个探索月球背面的人造探测器。

2019年1月3日，中国国家航天局的嫦娥四号顺利登陆月球的冯·卡门（Von Kármán）环形山——它在月球的背面，直径180千米，位于南极的艾特肯（Aitken）盆地。冯·卡门环形山在月球形成之初曾盛满岩浆，所以现在内部的地形非常平坦，相比月球背面其他的着陆点更安全可靠。艾特肯盆地是陨石撞击的产物，巨大的冲击力穿透了月球的地幔（或者说“月幔”），将黑色的玄武岩震出了月球的表面。

分析月球背面的物质成分能让我们对那里的资源状况有个大概的了解。科学家一直认为月球上有丰富的氦-3储量——一种在地球上稀缺、但是可以被用作燃料的物质。除了氦-3，月球上还可能有其他未被确认的化学物质和矿物，这让它更具开采的价值。

嫦娥四号的任务远不止地质勘探，它小小的货舱里填满了各式各样的实验设备，包括一台能够监听微弱太空无线电讯号的电台。总的来说，嫦娥四号所有非地质实验的最终研究目标都是评估未来进行月球殖民的可能性。比如，中性原子探测仪（ASAN）将研究太阳风对月球表面的影响，而月表中子及辐射剂量探测仪（LND）则能检测嫦娥四号车体周围的辐射强度。

而在这所有的实验中，最吸引人眼球的是嫦娥四号的月球微型生态系统装置。那是一个18厘米长的密封容器，里面封存了果蝇的卵和多种植物的种子。后来，其中的一粒棉花种子发生了短暂的萌芽。这个实验的目的是研究在微重力环境中种植农作物的可能性。

对页图：
嫦娥四号的摄像头拍摄到的玉兔二号影像，它正在月球背面留下人类的第一道车辙。

如何修建月球基地

3D 打印技术的进步和成熟或将改变月球村建立的蓝图。

2014年末，国际空间站的宇航员通过邮件收到了一张套筒扳手的设计图。随后，他们使用3D打印机打出了扳手的实物。科学家们非常期待同样的技术可以被用在建立月球基地的过程中。

月球表面的土壤已经深度风化，被称为表岩屑（regolith）。欧洲航天局正在与著名设计建筑公司Foster+Partners的建筑师们接洽，探讨以月球土壤为原料、3D打印大型设施的可能性。

毕格罗宇航公司（Bigelow Aerospace）也提出了一种稍微不同的建设方案：使用小型、独立的充气式设施。毕格罗公司已经与NASA展开了合作，它希望自己的第一个充气式基地能在2025年前安装于月球表面。

俄罗斯在马拉柏特环形山建造设施的计划同样由一家私营企业——林氏工业（Lin Industrial）——主导。它认为目前殖民月球所需的技术尚未成熟，但是最快能在五年内有所突破。按照林氏工业的预计，月球基地的建设总共需要大约50次的火箭发射，而耗资将接近100亿美元（大约661亿元人民币）。

上图：
增压后的充气式宿舍，可以容纳 4 个人居住。

右图：
欧洲航天局正在试验的 3D 打印技术，它可以直接打印建设月球基地的大型部件。

1. 首先，3D 打印机舀取表岩屑。
2. 然后，将表岩屑和氧化镁混合，这就是 3D 打印的原料。
3. 接下来，在一个充气式的穹顶样“脚手架”上，3D 打印机的喷头一层一层地喷涂出设施的表面结构。
4. 最后，通过在打印的原料上添加无机盐，使其硬化和定型。

人类为什么要登月

登陆月球的科学价值是显而易见的。阿波罗计划中取得的月球样本一直都是我们研究月球内部结构以及这颗太空近邻前世今生的无价之宝。但是因为仅有来自几个地点的少量样本，我们对月球的了解依然十分有限。只要一小队在月球上工作的机器人，我们对月球的认识就能大大提高——当然，最好的办法永远都是寻求在目标星体上定居，只有这样才能把我们的理论研究挂到高速挡上。

上图：
我们可以考虑用建筑机械代劳，在月球上修建人类定居点。

“这个道理就像人类在南极建造的永久设施大大加快了我们对南极洲的研究和认识一样，这是机器人基地和样本投递所无法比拟的。”伊恩·克劳福德（Ian Crawford）教授解释道，他是伦敦大学伯克贝克学院的行星学科学家。

有趣的是，月球基地还有可能是我们认识太阳系外世界的前沿阵地——一直以来，月球都被认为是建造星际天文望远镜的绝佳地点。如果是光学天文望远镜，在月球上观测银河系的视野，其清晰度是地球任何地方都无法比拟的。而如果是射电望远镜，又可以避开现代都市产生的大量电磁干扰。人类科学家可以被派遣到月球上修建和维护这些观测设备，就像他们在地球上使用普遍被修建在远离城镇的荒野或者山巅的天文望远镜一样，两者从这一点来说其实大同小异。

不过，月球上的第一个基地或许不会由公立机构主导——反倒是私营企业可能会抢先在月球上开张营业。NASA最新的一份调研认为，公私合营的模式能为建设月球基地节省大约九成的成本。

火星也是人类觊觎已久的太空殖民地，而修建月球基地的另一个意义正是试水我们新兴的太空殖民技术。开拓月球当然比火星要安全得多——一旦发生什么意外，宇航员只需要几天时间就可以从月球返回地球；反过来，地球上的物资也可以快速抵达月球表面。而相比之下，火星上的前哨站则要偏远得多，驻守火星殖民地的宇航员会更无助，因为任何从地球出发的救援行动都要至少6个月才能抵达。

9

登陆火星

人类将如何踏上这颗红色星球

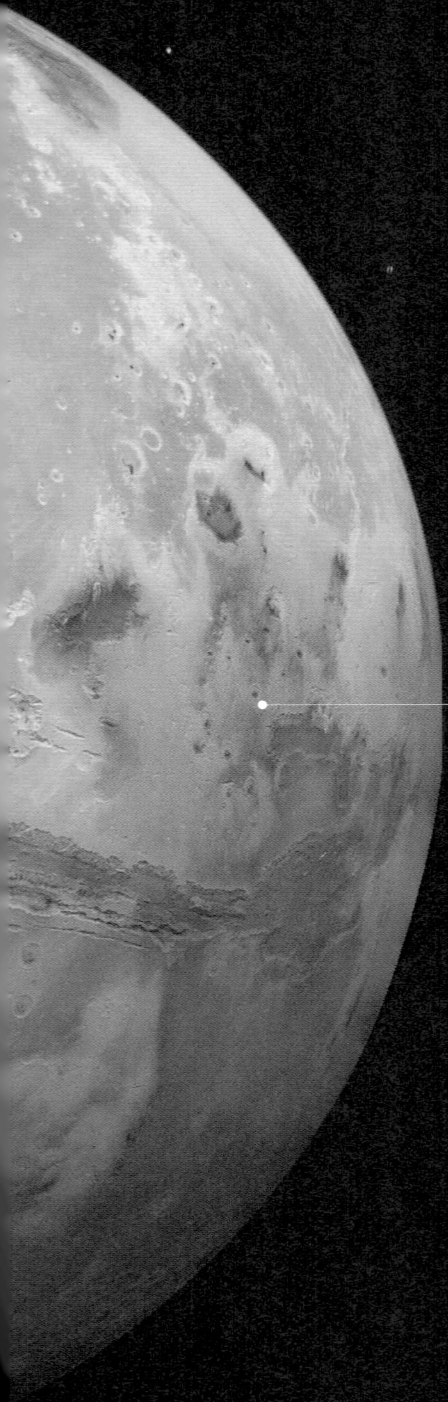

火星

表面重力（以地球为 1G）

0.38G

自转周期

24.6 小时

火星年

687 个地球日

卫星数量

2 个

MARS

俄斐峡谷

火星上有一条错综复杂的巨大峡谷，名为水手号峡谷（Valles Marneris）。它横跨火星的赤道，延绵 5000 千米，就像这颗红色行星脸上的一道伤疤（见前页图）。俄斐峡谷（Ophir Chasma）是水手号峡谷的北缘。不管从什么角度看，俄斐峡谷都能让人惊掉下巴：作为水手号峡谷的一部分，俄斐峡谷本身的宽度就达到了 100 千米左右，峡谷旁最高的悬崖有 5000 米，这让它几乎是美国科罗拉多大峡谷的三倍深。NASA 的维京 1 号轨道器在 1976 年传回了这张俄斐峡谷的合成图。

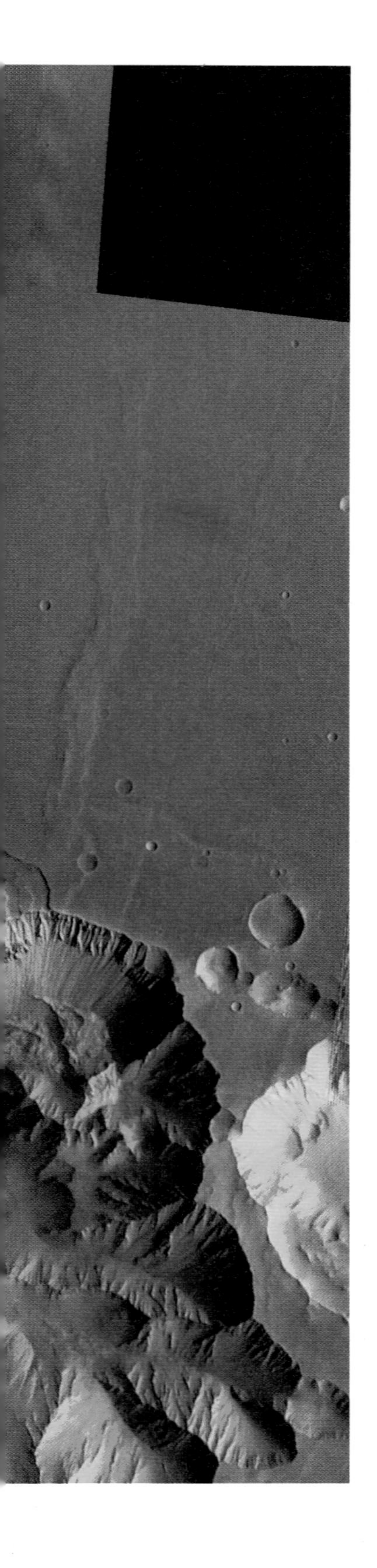

火星的半径只有地球的一半，是太阳系中第二小的行星。古往今来，这颗小小的行星却寄托着人们最浪漫的想象，直到水手 4 号（Mariner 4）在 20 世纪 60 年代传回了它的第一张近距离照片，人们对火星人的幻想才破灭。

大约数十亿年前，火星和地球的风貌可能差得并不多。它与太阳的距离只比地球远7500万千米，因此足够温暖，能让表面大部分地区的海洋保持液态。此外，火星的自转周期较短，只有大约24小时37分钟，这让火星表面各个地区的温度能维持在相对稳定的水平。但这都已成往事，火星与地球如今的环境已经不可相提并论了。火星在过去的某个时间失去了自己的大气。唇亡齿寒，没有大气层保护后，火星上大部分的水也不复存在。虽然仍有一些水以冰的形式冻结在火星的土壤里，但是今天的火星表面已然是一片贫瘠死寂的不毛之地。

许多更乐观的人相信，在情况尚好的年代，火星上曾经不止有岩石和尘土。人类迄今为止已经向火星发射了数十个探测器，目的都是探寻火星生命的蛛丝马迹。

奥林匹斯山

这张照片由 NASA 的维京 1 号轨道器拍摄，展示了云雾缭绕的巨型火星火山——奥林匹斯山（Olympus Mons）。照片中云雾的成分极有可能是冰水的混合物，它们从火星表面升起，飘浮在足有 8 千米高的半空中——但是对于这座 26 千米高的火山来说，8 千米也只是到山脚而已。与奥林匹斯山相比，地球上的最高峰珠穆朗玛只是个约 8.8 千米的小矮子。

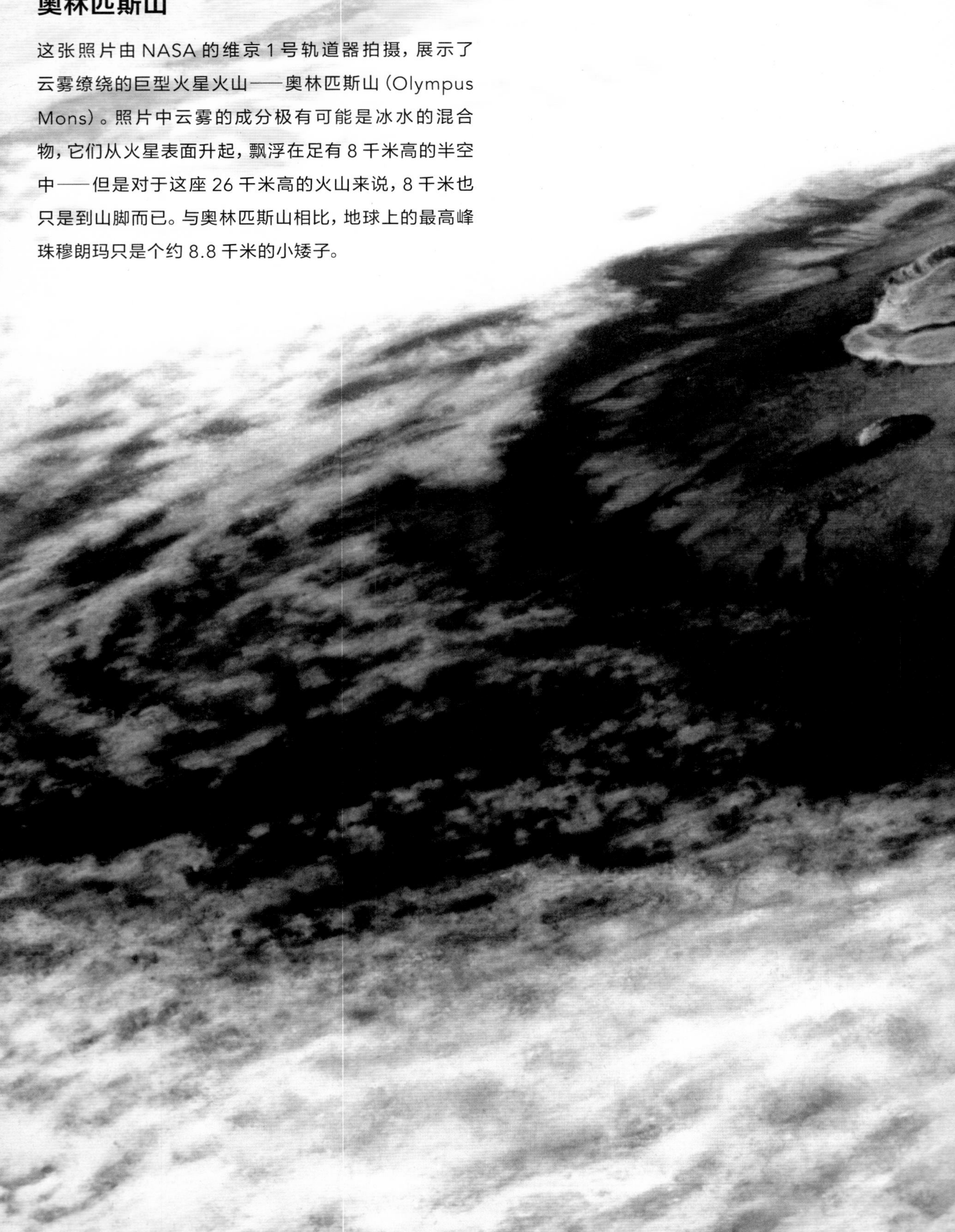

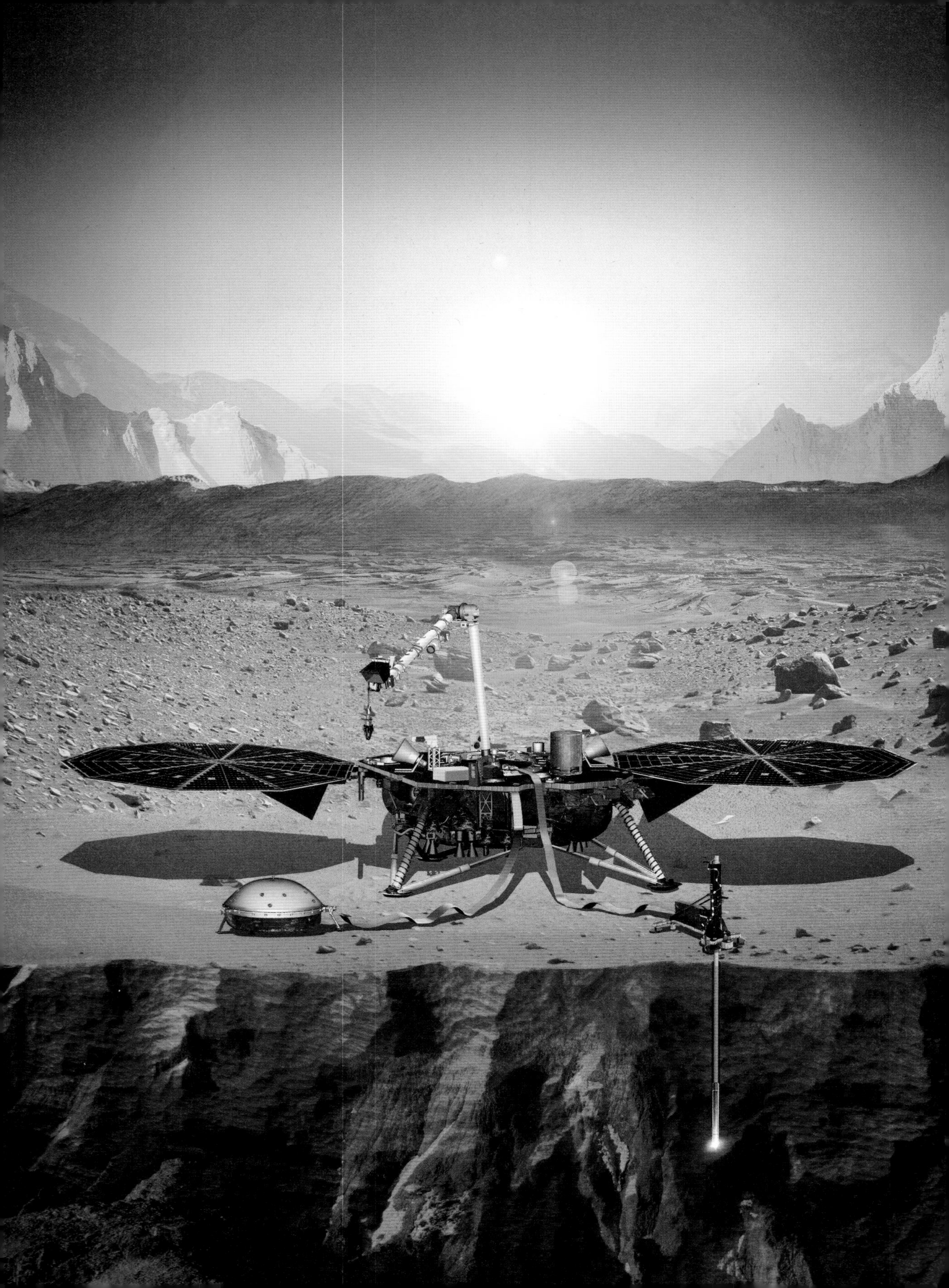

红色行星内的乾坤

数百年来，火星一直是人类的幻想之乡，但是直到几十年前，人类才终于有能力向火星发射各式各样的轨道卫星和火星车。尽管探测器能从非常靠近的位置观测这颗红色行星，但是还有一个令人费解的问题是它们暂时无法解答的：火星的内部在发生些什么？

之前的火星探测任务几乎悉数把关注点放在了火星表面。这没有什么不对，尤其是考虑到火星表面众多的奇观：连绵不断的沙丘、高耸入云的火山和酷炫迷人的蓝色日落。现在，我们对火星的表面已经相当熟悉，火星表面的卫星测绘甚至比地球的海床都更详尽。不过，一颗行星的表面风貌很大程度上由它的内部结构和活动所决定，而我们对火星的内部几乎一无所知——也许很快就不是这样了。

2018年11月26日，NASA的洞察号宇宙飞船在火星表面着陆，它要考察的对象位于火星标志性的红土之下。根据洞察号航天任务的计划，它至少会在火星上工作一火星年（将近两个地球年）的时间。

埃律西昂平原（Elysium Planitia）上的平坦地带被选为洞察号的着陆地点，因为作为登陆地，那里有许多的优势。“首先，我们目前的技术水平有限。”苏赞恩·斯雷卡尔（Suzanne Smrekar）博士说道，她任职于NASA喷气推进实验室，是洞察号火星任务的资深研究员。斯雷卡尔博士的意思是，着落的地点必须在火星“海拔”的2千米以下，这样探测器在穿越火星大气层后才能有足够的减速和缓冲距离。同样是出于安全考虑，着陆地点必须足够宽阔，且没有岩石或者其他潜在的障碍物。除此之外，着陆的位置应当尽量靠近火星的赤道，这样探测器才能获得足够的光照满足自身的供电，保证一火星年（687个地球日）的工作时间——这是洞察号计划的最短预期工作时长。勇气号、机遇号和好奇号都曾在火星表面拍到过令人惊叹的地质奇观，而斯雷卡尔博士强调洞察号的目标并不在此：参与洞察号任务的科学家们在意的东西不是火星的外貌，而是它的内里。

洞察号的目标是探测火星的内部，给它做一次全面的“行星体检”。洞察号会监测火星的“地”质运动（特指地震，其实在火星上应该称为“火星震”）——就像给它把脉，还会追踪地下的热量流动，这就算是给火星量体温了。这些检测项目能让我们更好地了解类似地球和火星这样的岩质行星最初是如何形成的。在地球上，数十亿年的板块运动几乎把与其起源有关的线索抹消殆尽。而在月球上，虽然阿波罗计划留下的设备一直在监测月球的地质活动，但是月球无论是体量还是形成的方式，都不可与太阳系中的4颗岩石行星相提并论。火星上可能隐藏着与地球起源有关的秘密，而洞察号的任务正是让它们重见天日。“火星是我们研究岩石行星起源的完美样本。”斯雷卡尔博士说。

测试，不断测试

洞察号携带的关键设备之一是一台能够探测火星深处震动的地震仪（seismometer，简称SEIS）。对牛津大学的尼尔·鲍尔斯（Neil Bowles）博士来说，这是洞察号上最令他兴奋的仪器。鲍尔斯博士最期待的正是“人类有史以来第一次对火星震进行直接的探测”。20世纪70年代，维京计划中也有过一架携带地震仪的登陆探测器，但是它的地震仪并没有直接贴着火星的表面。在鲍尔斯看来，如果地震仪是悬空在登陆器里，只能依靠由起落架传入的波动检测地面的震动，那么地震波的监测就很容易出现遗漏和不准确。这种设计用来测量火星可怕的风暴没准效果还行，但是对火星内部的震动则不然。鉴

上图：
在地球上一个清洁的房间里，科学家正在拆解洞察号的太阳能电池组，为测试做准备。

2018 年 11 月 30 日

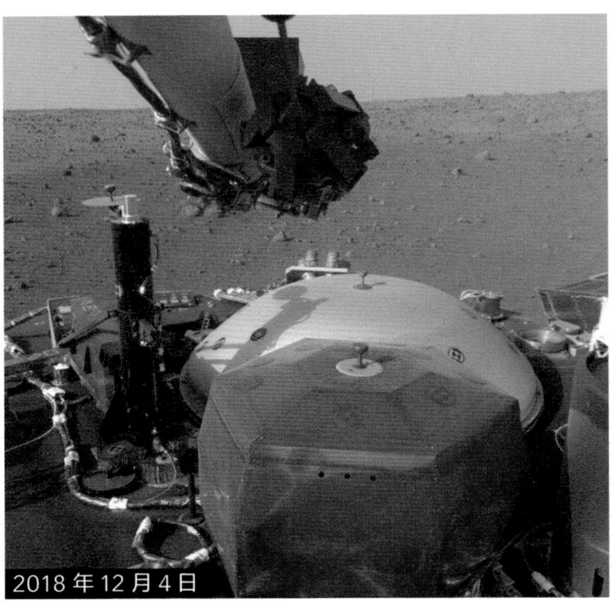

2018 年 12 月 4 日

对页上图：
洞察号的设备环境摄像头在机体着陆数天后，陆续捕捉到的画面。

对页中图：
洞察号的设备部署摄像头拍摄到的仪器画面，橘色的六边形装置是SEIS，而黑色的圆柱体装置则是热流和物理特性探测仪（HP3）。

下图：
设备环境摄像头拍摄到的SEIS设备在火星表面被缓缓放置的画面。

于此，洞察号的地震仪将直接与火星的表面相贴，身背防热罩，使其免受火星风暴和高温的摧残。它非常灵敏，甚至能捕捉到波长比氢原子直径还小的地震波动。至于陨石在火星表面的撞击，那自然是不在话下。

SEIS第一波完整的数据已经陆续传回地球。“我们以前对火星内部的了解太少了，所以现在不管传回的是什么都让人觉得兴奋和有趣。”鲍尔斯说。

距离人类第一次直接探测地球的地震已经过去了130多年，从那以后，我们对地球内部结构的认识已经发生了翻天覆地的变化。“根据地震波在地壳里的反射和折射，我们推测出了许多与地球内部结构有关的结论。”鲍尔斯说。虽然人类从来没有深入地球内部，但是我们推测出它的核心分为两层：最中心是以铁为主要成分的固体内核，外面包裹着一层液态的外核。再往外，地幔和地壳漂浮在液态的外核之上。洞察号或许能在火星上给我们带来同样详尽的第一手资料。火星的最大谜团是它的行星磁场，没准洞察号的发现可以解答我们的疑问。

2019年1月26日

地球的自转带动了液态外核里的物质流动，这是地球磁场产生的原理。有证据显示火星上也曾有过覆盖整颗行星的磁场，但是现在的火星上只剩下了微弱和零碎的局域性磁场。这有可能是因为火星比地球小，所以施加在核心上的压力不足以使其维持液态。一旦外核凝固，其中的物质便不能再流动，火星的磁场也就随即消失了。因为太阳风的本质是来自太阳的带电粒子流，它会受到磁场的影响，所以行星磁场能够抵御太阳风。也正是因为这个原因，一旦火星的磁场消失，太阳风就会把它的大气剥个精光。

科学家希望洞察号能通过对震动波在火星星壳里传播的监测，确定它的核心是否还是液态。弄清火星内核与磁场之间的关联非常重要，因为有朝一日，如果我们要把宇航员送到火星上，就必须保护他们免受来自太阳和银河系其他恒星的辐射伤害。对火星内核和磁场的了解决定了我们需要提前为此做多少准备。洞察号还有可能发现隐藏在火星表面下的水体，因为受到内核的加热，这种水体可能仍是液态的。地下水体可能是现在火星上唯一的液态水源。在环境还相对适宜的远古时代，假使火星上曾有过生命的话，那么它们今天的后代很可能就聚集在这些地下水源附近。

主要项目

如果说SEIS相当于监听行星心跳的听诊器，那么热流和物理特性探测仪（Heat Flow and Physical Properties Package，简称HP3）就相当于给火星测量温度的体温计。斯雷卡尔把洞察号形容为“锤子和钉子的融合体”。整台探测器的质量仅为3千克，在任务期间，它将向地球传回超过40兆字节的数据——这个大小差不多相当于一段流畅画质的在线短视频。洞察号会像鼹鼠一样钻到地下大约5米深的地方——不要看只有5米，这已经比从前所有的探测器都深入多了。火星表面的温度由于昼夜交替和季节变迁而不断波动，按照斯雷卡尔的说法，5米的深度已经足以让探测器免受外界温差的影响。每挖掘50厘米，洞察号就会释放一次热脉冲，同时测量热量在火星土壤中流失的情况。热量消失得越快，说明周围土壤传导热量的能力越强——这是分析土壤成分最可靠的手段之一。

HP3则能够探测放射性衰变产生的热量。化学元素如铀、钍和钾的某些核素[1]会随着时间的推移而自发地发生裂变，核裂变的结果是产生相对质量更小的元素，同时释放出能量。

译者注：

1. 指质子数相同而中子数不同的原子。

“科学家认为火星和地球的形成过程类似，都是‘行星物质之间不断撞击并融合’的产物。”斯雷卡尔说。如果两颗行星的成分相近，那么行星内放射性物质衰变的程度应当也相差不多，由此产生的衰变热信号也应该相似。“洞察号会告诉我们火星内部的衰变热是否与我们的预期相符。”斯雷卡尔说。

介绍完SEIS和HP3，那么接下来就轮到自转和内部结构实验仪（Rotation and Interior Structure Experiment，简称RISE）了。如果还是用体检打比方的话，RISE的作用相当于是测量行星的基本反射。火星围绕太阳公转时并不总是竖直的：它的自转轴和公转平面之间有一个倾斜角，这一点与地球相同。倾斜角的大小和星体的摇摆程度取决于火星内部的情况。你可以试着转一枚生鸡蛋，把它的运动和一枚熟鸡蛋的做个对比，就明白这个原理了。半固体半液体的核心与完全是固体的核心所产生的转轴倾角是不同的。因此，RISE获得的数据能与SEIS的互补，两者是分析火星磁场消失原因的重要依据。地球会持续向洞察号发射无线电波，探测器在火星上接收后再将其发回给地球，这个过程可以精确测量火星自转轴的倾斜程度。火星转轴倾角的细微变化都会反映在无线电波信号的频率上：这就像在日常生活中，当一辆救护车从你身后呼啸而过时，你会感觉它的音调有所变化。

如果一切顺利的话，这颗人类最常造访的太阳系行星上最不为人所知的谜题终将揭开它神秘的面纱。

洞察号火星探测计划

- 火星与地球的距离为 **5460 万～4.01 亿千米**
- 火星上有的巨石地标是以卡通角色命名的，比如**史酷比**（Scooby-Doo）和**瑜伽熊**（Yogi Bear）
- 火星上的**冰不会融化，而是直接升华**（跳过液体的状态，直接从固体变成气体）
- 过去，火星上很可能曾有过**液态的海洋**，并且覆盖了火星表面至少五分之一的面积
- **38%**——这是火星的表面重力与地球表面重力的比例

星壳（Crust）
行星的表层结构（相当于地球的地壳）

星幔（Mantle）
是岩石行星才有的结构，位于星壳之下（相当于地球的地幔）

星核（Core）
行星最深处的结构，可以是固态或是液态的（相当于地球的地核）

① SEIS
用于监测火星震的设备，它的灵敏度足以探测到与氢原子直径相当的微弱波动。

② WTS
防风防热罩（Wind and Thermal Shield，简称 WTS）可以在 SEIS 暴露于火星表面时保护它。

③ 太阳能电池板
参考了凤凰号火星探测器的设计，它们能保证洞察号在一个火星年里的能源需要。

④ 拴绳
连接登陆器主体和部署的实验设备的数据传

⑤ RISE
通过自身定位与测量火星的转轴倾角，研究火星的内部结构。

⑥ 气压计入口
它是探测器上一个防风的开口，作用是连通火星大气，让气压设备能够监测火星的大气压。

⑦ TWINS
气温与风速测量套件（Temperature and Winds for InSight，简称 TWINS）——它相当于洞察号自带的气象站，实时监测火星上的天气变化。

⑧ 超高频天线
洞察号配备了超高频天线，让它能与火星轨道卫星通信，后者再把数据发回地球。

⑨ 设备部署摄像头
探测器携带的摄像头之一，作用是辅助科学家操作和移动需要部署的设备与装置。

⑩ 设备部署机械臂

当把实验设备，如 SEIS（1）和 HP3（12）部署到火星表面时，就需要用到这支机械臂。

⑪ 抓斗

部署机械臂的前端部分，用于在部署和移动设备时进行抓握。

⑫ HP3（热流和物理特性探测仪）

它将深入火星地下约 5 米深，释放热流，检测火星土壤的导热性。

人类在火星

几十年来，人类一直梦想着踏上火星。终于在最近，NASA 正与一家私人公司火星一号[1]（Mars One）合作，准备启动人类登陆火星的计划，只是当中的重重困难远超想象。下面这几位是世界顶级载人航天技术专家，他们将向我们讲解人类最终登陆火星的可能方式……

专家简介

苏珊娜·贝尔教授（Prof. Suzanne Bell）是NASA载人航天研究项目的研究员

梅森·派克教授（Prof. Mason Peck）是NASA的前首席技术专家

查尔斯·科克尔教授（Prof. Charles Cockell）是英国天体生物学研究中心的主任

凯文·方博士（Dr. Kevin Fong）长期与NASA合作，著有《极端环境与医学进步》（*Extreme Medicine*）

译者注：

1. 火星一号是一家荷兰金融公司，已于 2019 年 1 月 15 日宣告破产。

→ 什么样的人才能被选为登陆火星的宇航员？

苏珊娜·贝尔教授：

火星上的环境非常严酷和极端，在那样的地方工作和生活要求宇航员有相当高的素质，候选者必须头脑灵光、身体强健、应变力强、心理素质过硬，而且有极好的团队合作能力。当整个团队面临两难抉择时（比方说，是选择牺牲数据还是抢救设备），队员之间的默契度越高，他们就越容易在决策上达成一致，行动力也就越强。

性格外向的人常常能带给人社交亲密感，但是在与世隔绝、千篇一律的太空生活里，宇航员的性格最好也能偏内向。兼具内向和外向的性格被称为“中间性格”（ambiverted），中间性格的人同时具有内向和外向两种性格特质。但是，不管我们的筛选条件有多严格、候选人的情绪管理能力有多强，他们还是很有可能会在极端孤立的环境里碰到内心挣扎的时刻。因此，宇航员必须要接受应对这种工作环境的专门训练。

还有，前往火星虽然很冒险，但是我们并不希望宇航员是个喜欢冒险的人。在高风险的环境中工作和生活，一个小小的错误就有可能酿成严重的后果，甚至让整个团队全军覆没。所以正确的人选应该行事谨慎、做事认真负责，同时具备相当的勇气和胆识。

→ 我们要怎么向火星运送宇航员呢？

梅森·派克教授：

登陆小队会由4名宇航员组成，他们将乘坐运输飞船——一种在近地轨道上装配建造的小型空间站——驶向红色行星。出于技术和成本的考虑，类似国际空间站这样的大型宇宙设施并不适合以整体的形式从地球发射升空，更理想的做法是将其拆解为多个部分，分批发射进入太空后，直接在近地轨道上装配成型。

宇航员登船完毕后，运输飞船就会发动引擎，向火星进发。在接下去的7个月里，运输飞船就是宇航员的家，他们要在飞船的生活舱里吃饭、睡觉和训练。随后，他们会在接近火星时进入飞船的登陆舱——飞船上另一个独立的功能舱位，它和阿波罗飞船的登陆舱有几分相似。

四人组将搭乘类似SpaceX重型猎鹰火箭的飞行器从地球出发，登上位于近地轨道的运输飞船。这个过程基本同今天我们把宇航员送到国际空间站无异。

登陆火星计划开始之后，我们将抓住每次机会，持续以一次4人的频率向火星派遣宇航员——每次大约间隔26个月——之所以选择这个间隔，是因为发射计划最好选择在火星和地球几乎处于一条直线上时进行，这样火地之间的距离最短，发射所需的燃料和代价也最少。

如何在火星表面着陆？←

梅森·派克教授：

着陆不会是件容易的事。NASA的测算认为，一个搭载6名宇航员的火星登陆舱将达到40 000千克。而迄今为止，人类向火星表面投放的最重负载仅为1000千克（NASA的火星科学实验室计划。2012年，火星科学实验室登陆舱成功在火星表面着陆并投放好奇号火星车）。

传统的大气制动仍是备选的解决方案之一——顾名思义，利用火星的大气阻力给登陆舱减速，大气层的摩擦力可以消耗飞行器的轨道势能。其次，我们还可以利用一种名为充气式气流制动器（inflatable aerodynamic decelerators）的装

对页图：
在火星上登陆的初期，为了安装生活舱和必要的维生设备，宇航员们将忙得不可开交。

9
GREGORY

置。这是一种还处于研究阶段的技术，它的原理是在登陆器进入大气后，迅速膨胀成一个巨大、轻巧并且隔热的气囊，进一步增加大气阻力。

还有一些火箭技术公司在研究用反向推进器帮助登陆舱降落的可能性——就像在电影《流浪地球》中，行星推进器反向喷射以减慢地球落入木星的速度那样。

登陆火星之后，宇航员最初的生活将是什么样子？←

查尔斯·科克尔教授：

在刚开始的日子里，宇航员每天都要不厌其烦地组装火星基地，就像拼乐高积木一样。先遣队员们首先要做好基地的辐射防护，确保氧气的生产和循环设备正常运作。如果届时他们需要从大气中收集水分来生产氧气（电解水可以得到氧气和氢气），那么就要搭建和维护收集大气水的过滤风扇。

在最初的几周里，宇航员们得靠风干的口粮度日。他们得花些时间修建简易的温室，然后尽快开始种植作物，自己生产食物。

能源是生死攸关的东西之一。不管将来的宇航员用的是核能还是太阳能，他们都要组装对应的能源设备，然后将其连接到基地并保证电力供应的稳定和可靠。他们还可以修建生产燃料的装置。比如，利用火星大气中的二氧化碳，让其在催化剂的作用下与氢气（从大气和冻土中收集水，电解产生氧气后剩下的副产物）发生化学反应，产生甲烷，用作火星车的燃料。

→ 在火星上生活一年后，人类的身体会发生什么变化？

凯文·方博士：

对于生命而言，火星表面的环境并没有比太空理想多少。火星的体积比地球小，距离太阳比地球远，大气层不仅稀薄而且以二氧化碳为主。宇航员抵达火星后，他们必须完全依赖宇航服里的维生系统，居住在能防护辐射的生活舱里。不过，对宇航员身体影响最大的因素是较低的火星重力——它只有地球的大约三分之一。

从人类超过50年的航天探索史里能明确地看到低重力环境对人体产生的影响。骨骼和肌肉的劳损速度加快，而心脏——它几乎是一个纯肌肉的器官——也会出现功能退化。其他系统也不能幸免：手眼协调性下降，免疫功能衰退，宇航员还经常会罹患贫血。长期身处低重力环境对健康的影响尤甚，再优秀的运动员也招架不住，他们会很快变成走路都吃力的“废柴”。

所以登陆火星的宇航员都需要综合利用药物、饮食和高强度体能训练等保健手段，防止身体的机能退化。不过，也有一些权威人士提出我们需要借用小型的离心设备，时不时为宇航员提供短时的人造重力。

10

木星上行

巨型气态行星的惊鸿一瞥

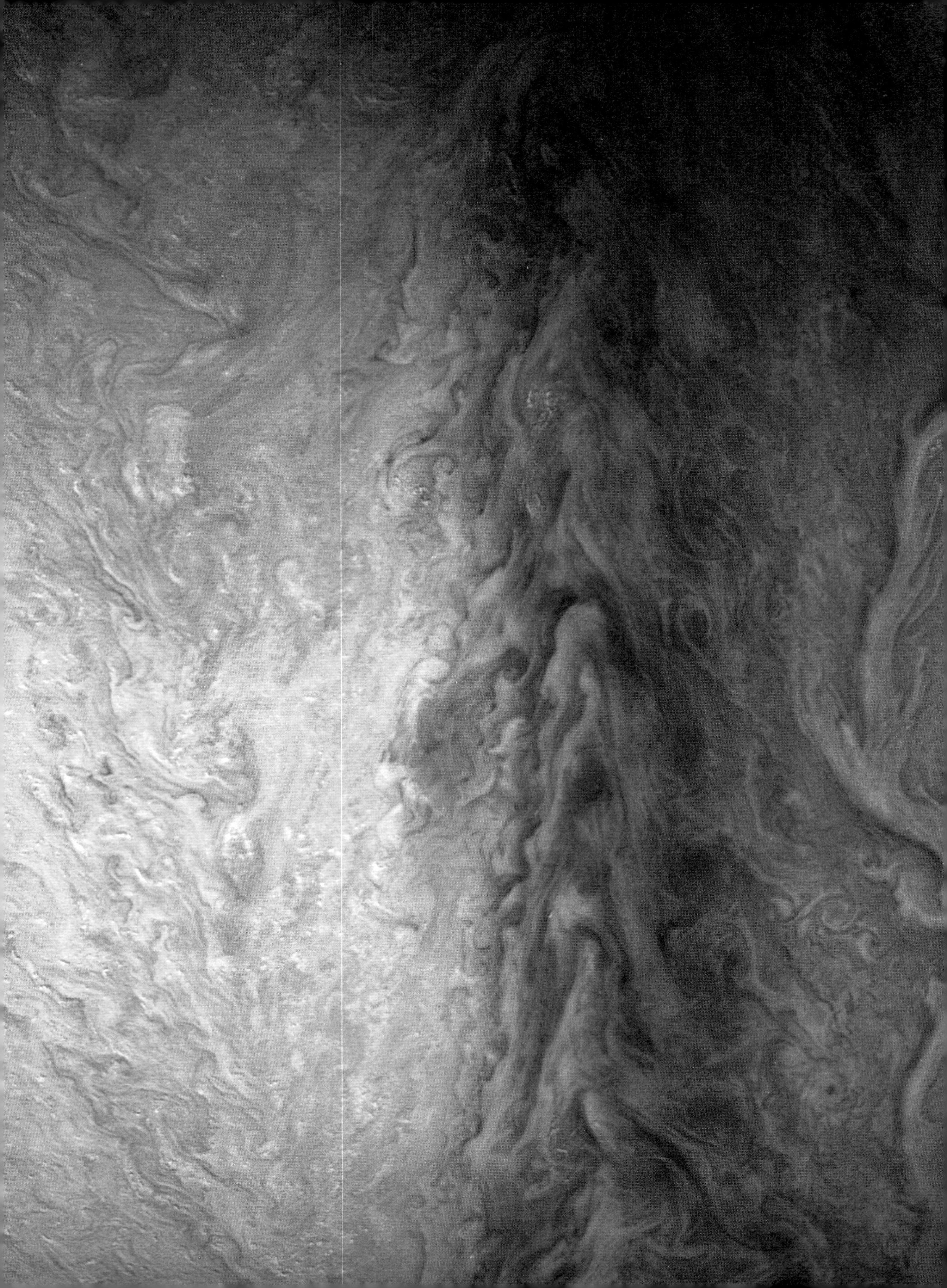

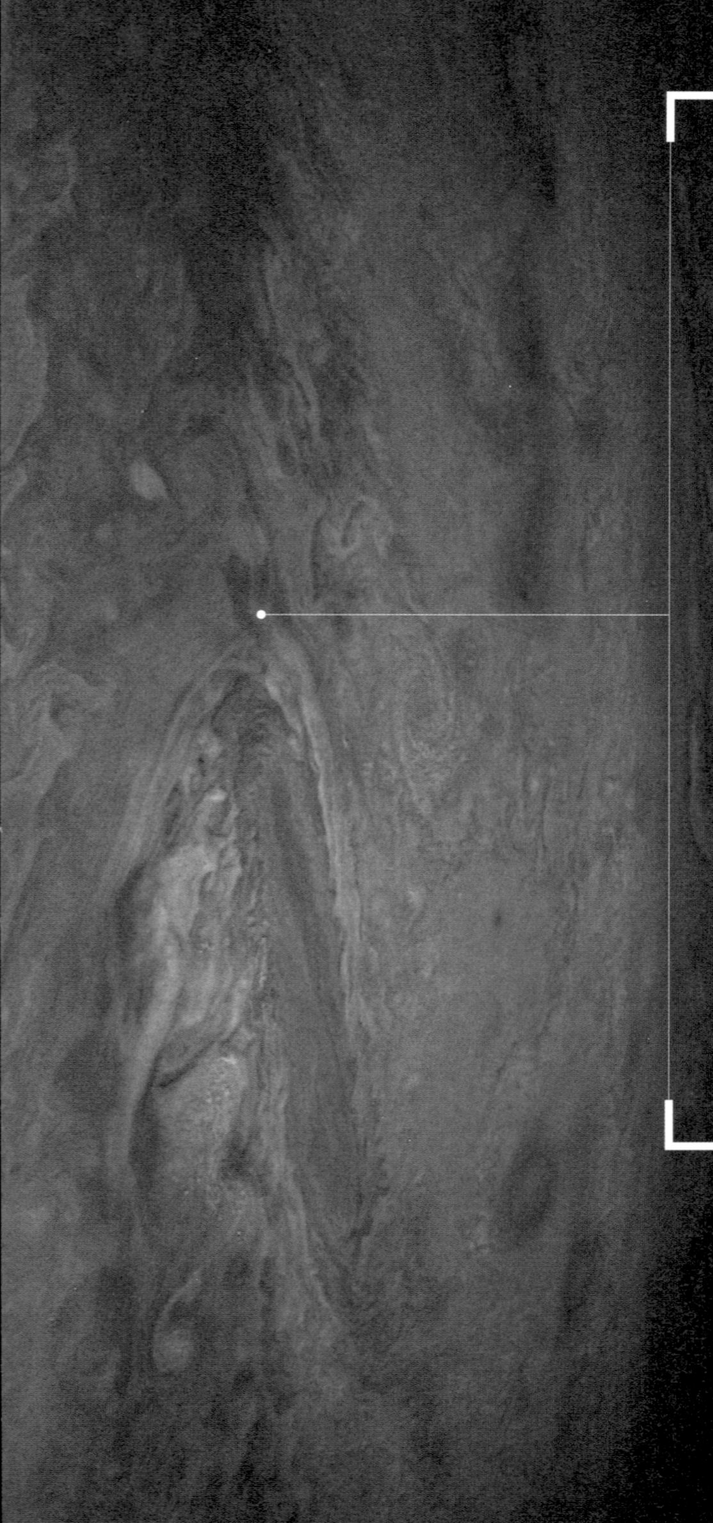

木星

表面重力（以地球为 1G）

2.5G

自转周期

9.9 小时

木星年

12 个地球年

卫星数量

79 个

JUPITER

NASA 的木星探测器朱诺号从 2016 年开始拍摄木星。它传回的照片已经改变了我们对这颗太阳系最大行星的认识。

在古罗马神话中，天神朱庇特喜欢拈花惹草，每每这种时候，他就召唤云朵围绕在自己身边，隐藏自己的小动作。只有他的妻子朱诺，能够看透这些云雾，看穿他的本性——这也正是“朱诺号”这个名字的来历和寓意。木星厚厚的云层之下可能潜藏着整个太阳系起源的秘密，等待着我们去发现。目前，星云假说仍是解释太阳系形成的主流理论，其主要观点是：太阳系起源于星云里的气体和尘埃，绝大多数物质在星云崩解后组成了太阳。木星的构成与太阳相似，它是以氢和氦为主要成分的气态行星——这些物质主要是太阳形成后留下的星云边角料，可见木星的形成时间肯定很早。至于木星到底是如何形成的，暂时还没有人能说得清楚。到底是木星的固态核心形成在先，再由它通过引力捕获了周围的气体，还是原始星云中某个区域因为不稳定而发生了局部的崩解，导致气态木星形成？朱诺号的任务就是帮助科学家们研究木星形成的方式以及早期太阳系的样貌。除此之外，朱诺号上还有一个名为朱诺相机的设备，它拍摄了大量壮观的木星照片。

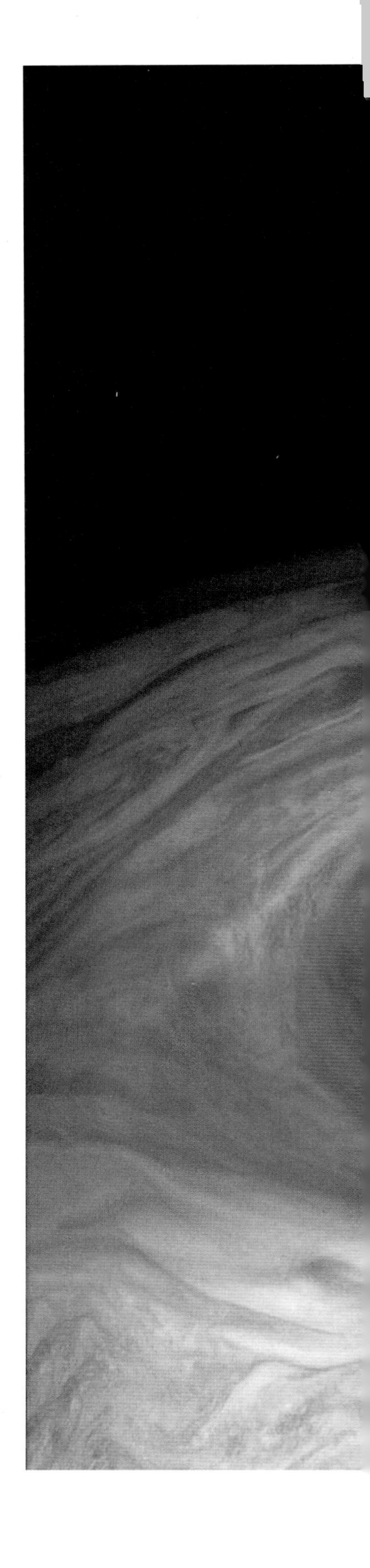

大红斑

如果要列一个太阳系七大奇观的名录，那么木星的大红斑肯定名列前茅。大红斑是木星上的一场巨型风暴，直径比地球还大；它沿逆时针方向旋转，自转周期约为 6 天。人类历史上一直有对木星圆形风暴的记述，最早的资料见于 17 世纪 60 年代，但是它可能并不是我们今天看到的大红斑。相关的记录在 1713—1831 年几乎为零，原因似乎是原本的木星风暴消失了。直到 19 世纪，我们今天看到的木星大红斑“才”又出现在了世界各地的文献记录里。这张图片是基于真实数据绘制的艺术效果图：科学爱好者杰拉德·艾希施泰特（Gerald Eichstädt）借用了朱诺相机采集的影像数据，通过增强颜色的对比和饱和度，让木星风暴看上去更明显。合成这张效果图的原片拍摄于 2017 年 7 月 10 日，当时朱诺号正第七次近距离飞过木星。拍摄这张照片的瞬间，朱诺号正位于木星云盖上方 10 000 千米的太空。

冰片云

2017 年 12 月 24 日，朱诺号在第九次近距离飞过木星上空时拍到了木星北半球这场猛烈的风暴。原始照片由朱诺相机拍摄，这张图片是科学爱好者杰拉德·艾希施泰特和史恩·多朗（Seán Doran）经过后期处理得到的，他们增强了图片的色彩效果和云层的细节表现。图片中的风暴在向逆时针旋转。云朵在大气中的位置越高，受到的光照越强，在图片中就显得越亮；与之相反，云朵的高度越低，在图中就显得越暗。这张图中的光照来自画面左侧，高光的云朵和它们投下的影子的长宽都为 7~12 千米。朱诺号在木星上捕捉到过许多类似的高亮云朵，底层大气在上升过程中，其中的氨气遇冷凝结成冰晶，提高了云层的反光能力。另外，木星的云层里也可能含有水的冰晶。朱诺号拍摄这张照片时距离木星表面约 10 108 千米。

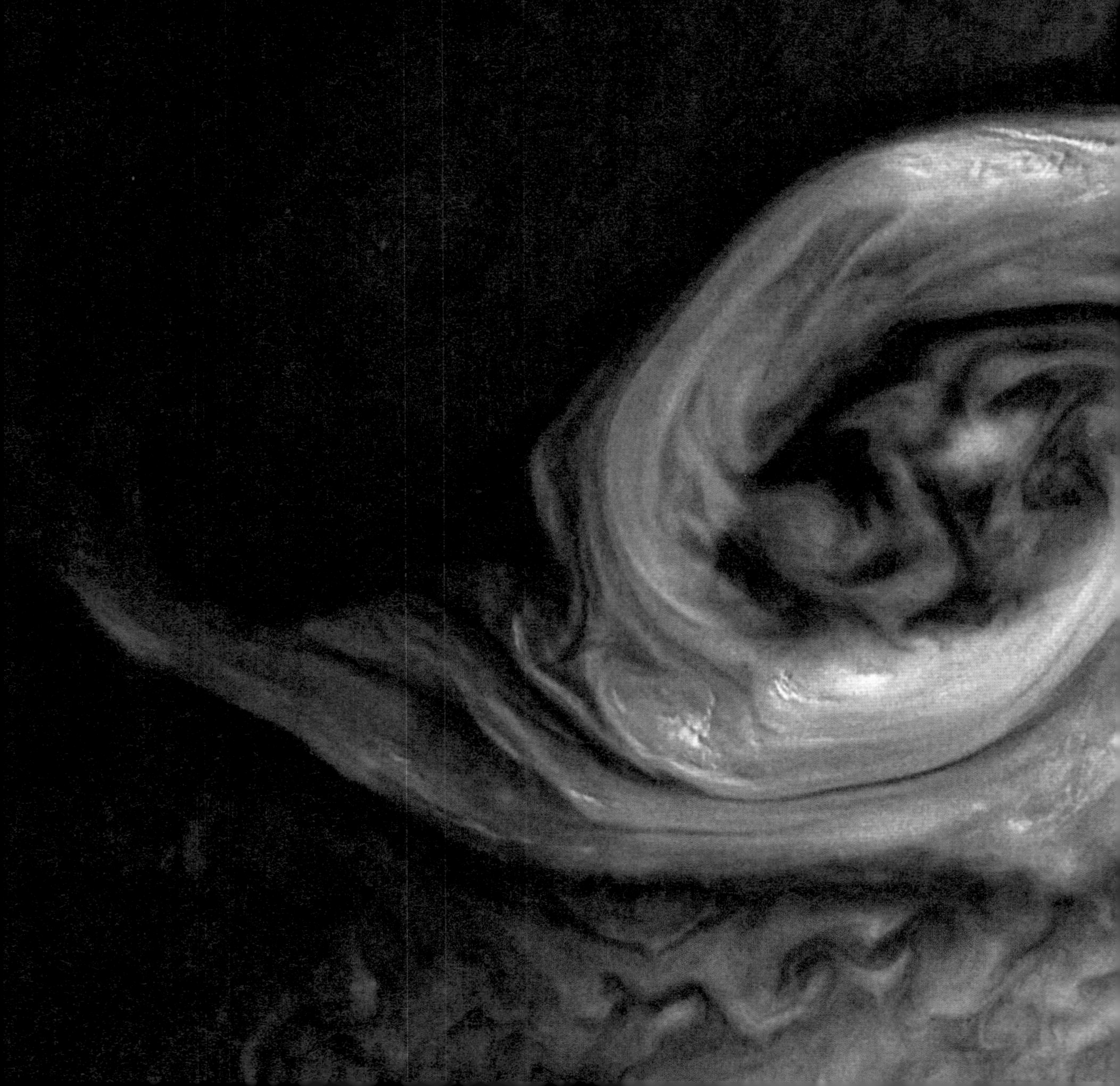

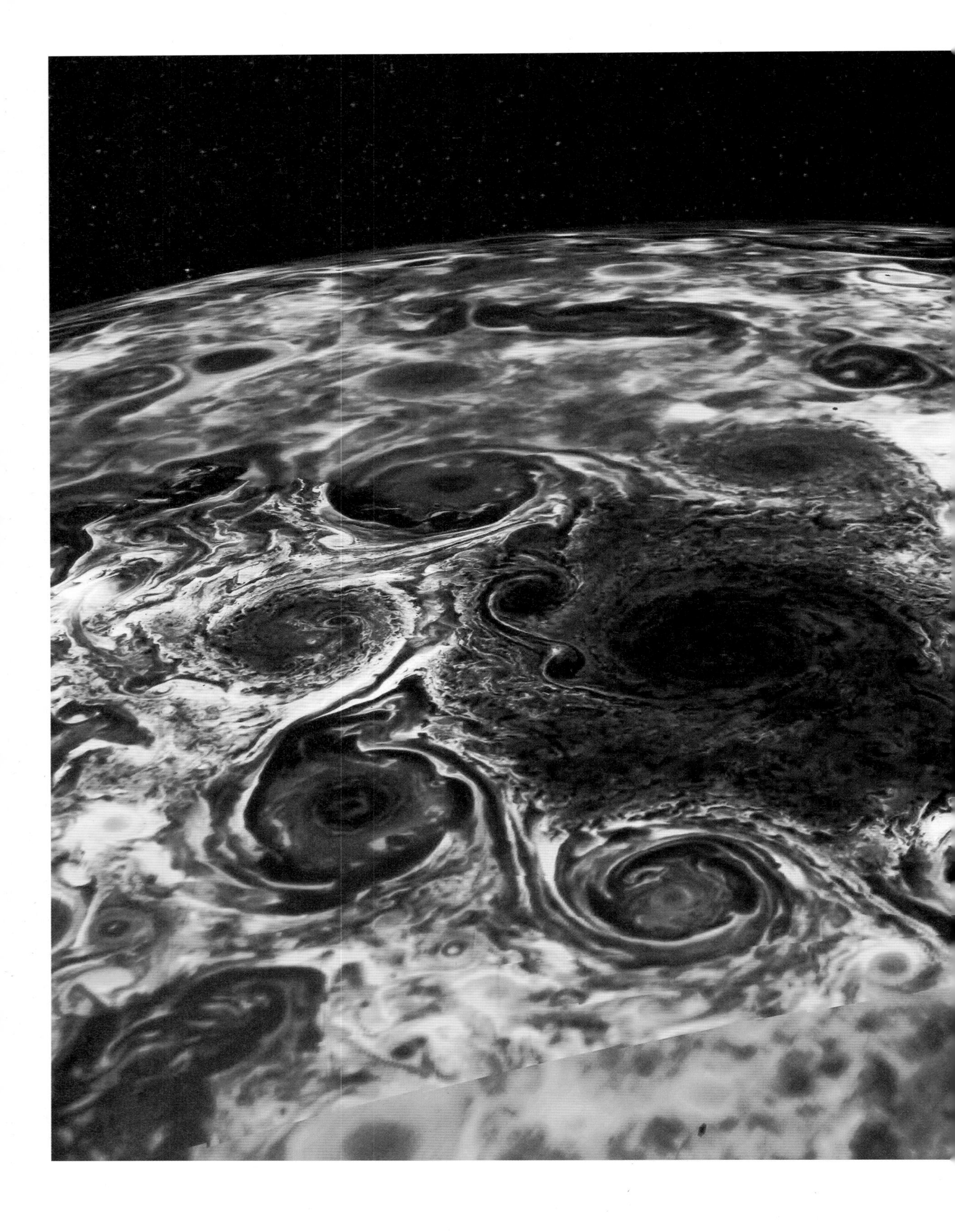

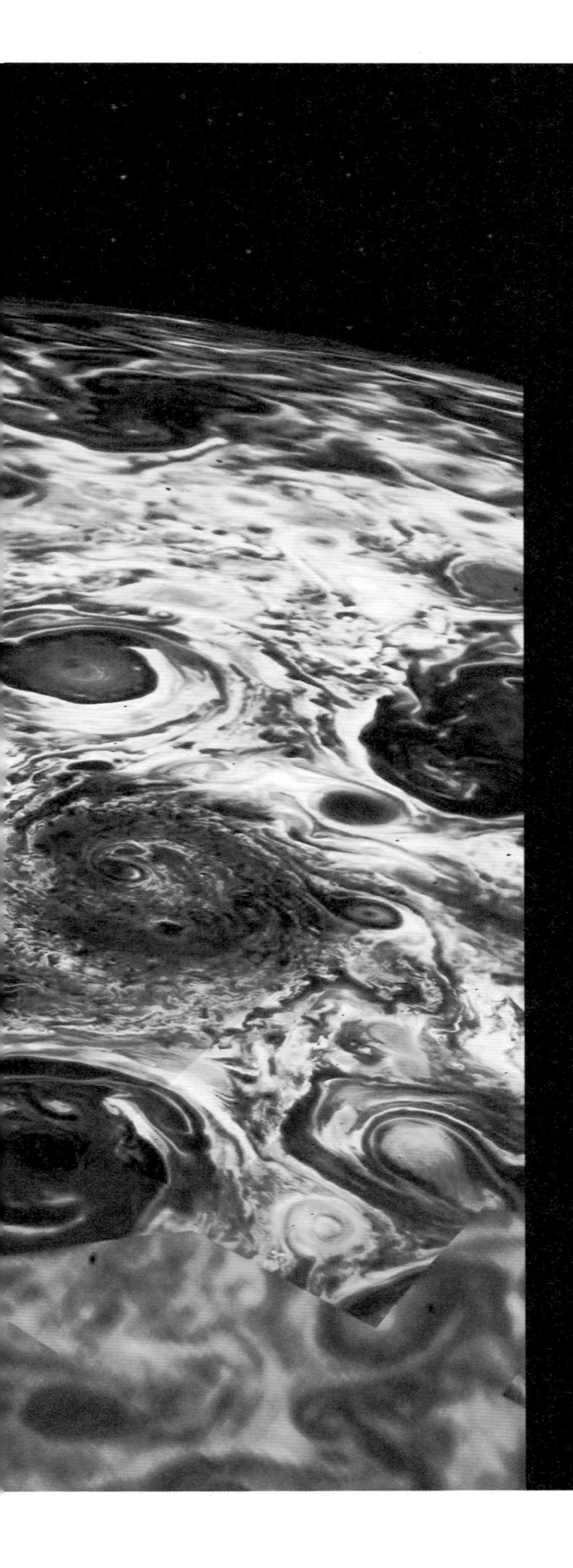

龙卷风

这是木星的北极在红外波段下的样子。这张合成图的原始数据来自朱诺号的木星极光红外成像仪（Jovian Infrared Auroral Mapper，简称 JIRAM）。红外成像能够反映木星大气的温度分布，可以看到它与云层在可见光波段下的明暗分布特征有相对应之处。这张图展示了位于木星北极的一个中央大气旋以及围绕在它周围的 8 个较小气旋。每个小气旋的直径都为 2500~2900 千米。图中的颜色代表了温度：黄色代表了大气中较低的位置，平均温度在 –13 摄氏度左右；颜色最深的部分代表了上层大气，气温达到了严酷的 –118 摄氏度。不过，不管是浅色还是深色部分都位于木星的云盖之下——JIRAM 是科学家看穿木星云层的“朱诺之眼”。研究木星大气中热量流动的模式对我们研究木星的活动、进而推测它形成的方式至关重要。红外成像仪研究试图解答的一个关键问题是：木星是否有岩质或金属质的固态行星核。

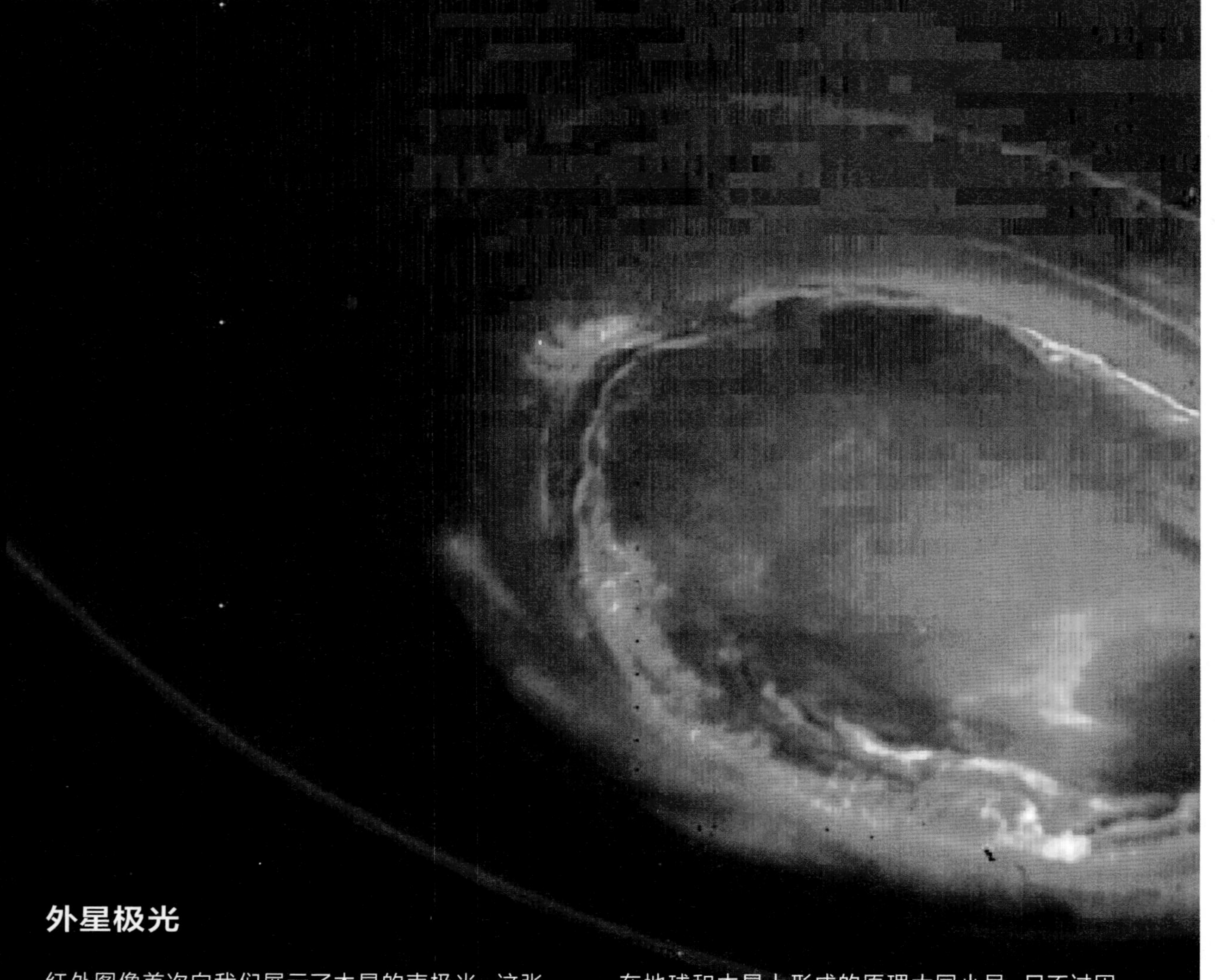

外星极光

红外图像首次向我们展示了木星的南极光。这张图片是由 3 张相互之间间隔数分钟的照片拼接而成的，它们拍摄于朱诺号第一次从近木星轨道上爬升的过程中。从地球上很难观察到木星的南极光，而朱诺号在 2016 年 8 月 27 日用 JIRAM 捕捉到了这个画面。图中的椭圆形光环就是极光，它是太阳风中的高能粒子撞击行星的大气，使后者发光而产生的现象。极光通常是椭圆形的，因为当太阳风的粒子在磁极附近冲击行星的磁场时，行星的磁场会以圆锥的形状把它们“兜住”。极光在地球和木星上形成的原理大同小异，只不过因为木星的磁场是太阳系行星中最强的——是地球的整整 20 000 倍——所以它的极光也相应更强。这张照片里的光的波长都长于可见光，为 3.3~3.6 微米（1 微米 =1/1000 毫米）。之所以选取并检测这个波段的光，是因为激发态的氢离子所释放的特征光谱正好落在其中。激发态氢离子是受到高能激发后失去了电子的氢原子，在太阳风的轰击下，木星的大气中充满了这种粒子。

日与夜

2018 年 2 月 7 日，朱诺号第十一次从近行星轨道上飞越木星。拍摄这张照片时，朱诺号正在爬升轨道上回望这颗巨大气态行星的南极。这张照片是在木星海拔 120 533 千米的上空拍摄的，几乎是从正上方俯瞰南极点。这张照片的颜色经过后期处理，比裸眼看到的要深一些。图中有一条分隔白天和黑夜的线，被称为“明暗交界线”。为了捕捉木星“暮光”（白天进入黑夜的切换线）地带上的细节，朱诺相机以不同的曝光时长拍摄了一系列照片。这么做的原因是，曝光时间越长，夜晚地带的细节就越清晰，但是白天部分的过曝现象就越严重；而反过来，曝光时间越短，白天半球的图像就越清晰，而分界线附近的细节则丢失得越多。科学爱好者杰拉德·艾希施泰特用计算机将两种照片合成了这幅图片，同时保留了白天和黑夜半球的诸多细节。

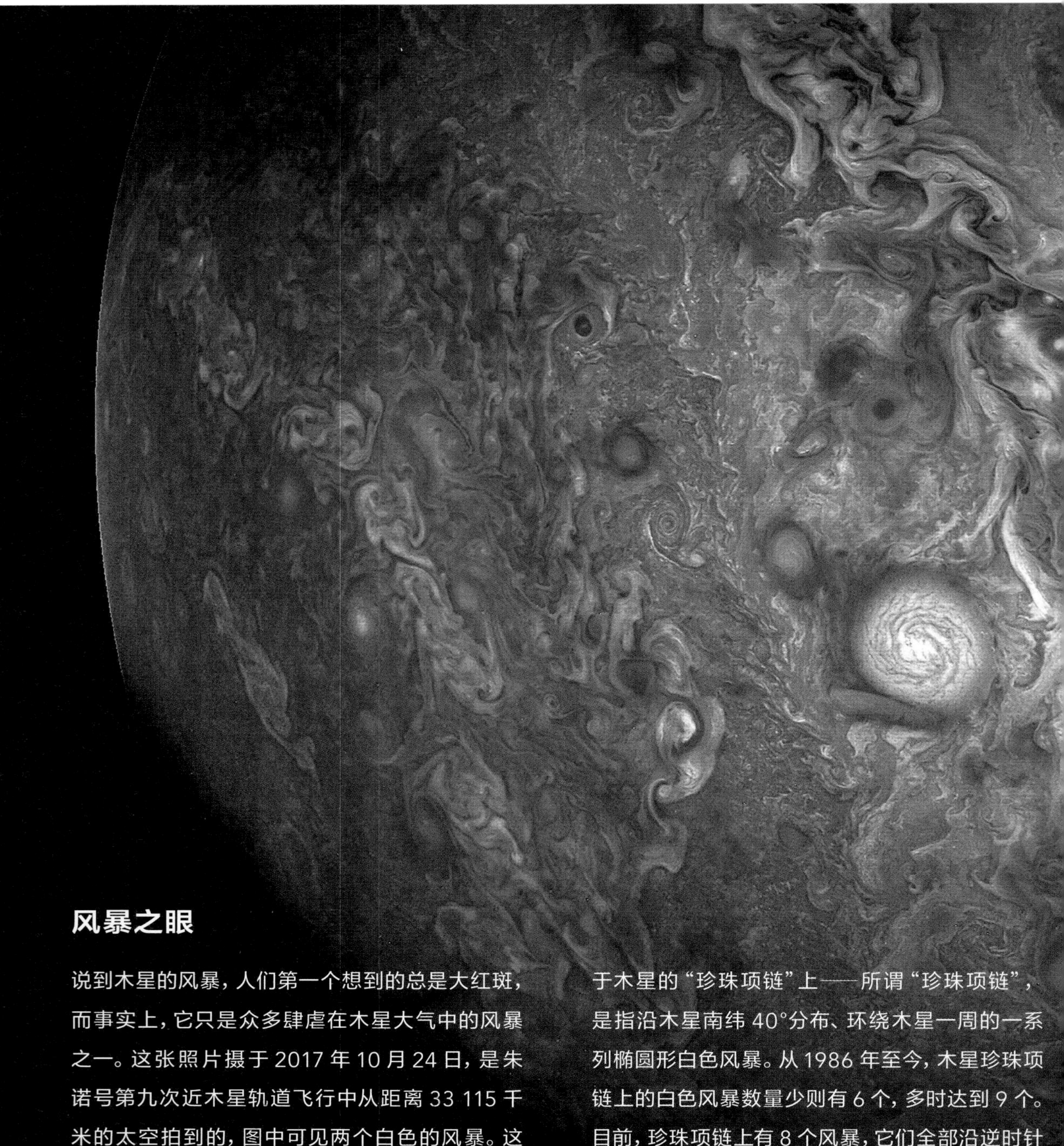

风暴之眼

说到木星的风暴，人们第一个想到的总是大红斑，而事实上，它只是众多肆虐在木星大气中的风暴之一。这张照片摄于 2017 年 10 月 24 日，是朱诺号第九次近木星轨道飞行中从距离 33 115 千米的太空拍到的，图中可见两个白色的风暴。这张图片是杰拉德·艾希施泰特和史恩·多朗经过后期处理得到的，它的颜色比用裸眼看到的更鲜艳，目的是凸显木星大气的细节。图片底部的风暴位于木星的“珍珠项链”上——所谓“珍珠项链”，是指沿木星南纬 40°分布、环绕木星一周的一系列椭圆形白色风暴。从 1986 年至今，木星珍珠项链上的白色风暴数量少则有 6 个，多时达到 9 个。目前，珍珠项链上有 8 个风暴，它们全部沿逆时针方向做自旋运动。驱动这些巨型风暴的巨大动力来自于木星内部产生的热量。

地下汪洋

NASA正在筹备一个新的航天任务，目的地是一颗常年冰封的木星卫星，科学家想在它的地下寻找生命的蛛丝马迹。

在无人航天器已经可以飞越整个太阳系的今天，有一个重要的问题亟待回答：太阳系到底是不是一个贫瘠荒芜之地，抑或在地球之外是否也有某种形式的生命存在呢？

地下海洋

NASA目前正在筹备和推进一个代号是“欧罗巴快船”（Europa Clipper）的航天项目。预计发射时间为2022年，欧罗巴快船的任务是进入欧罗巴星（Europa）的轨道——欧罗巴是木星的第二号卫星（简称木卫二），它也是木星4颗伽利略卫星中最小的一颗。科学家对木卫二有非常浓厚的兴趣，因为有证据显示，这颗卫星冰封的表面之下极有可能隐藏着一个由咸水组成的海洋。而据我们目前所知，水是生命存在的关键成分。

人类目前有许多正在筹备中的探测器，它们的任务都是前往太阳系中最有可能孕育生命的地方，搜寻哪怕最微不足道的生命体，欧罗巴快船就是其中之一。地球上有一类可以在极其严酷的环境中生存的生命体，科学家将它们称为“极端微生物”：从滚烫的酷热到冰冷的严寒，再到巨大的压力，又或者是强酸和高盐的地方，它们无所不在。或许像欧罗巴这样的卫星上有同样坚韧顽强的生物也说不准。尤其是，欧罗巴并不是一个完全冰封的星球。它的表面的确是冰原，但作为卫星围绕行星公转会引发潮汐现象，由此产生的热量足以熔化冰盖下的冰层，使其成为液态的海洋。

快船号将在2700千米到25千米之间的高空对欧罗巴进行45次近轨道飞行，并在期间用它所携带的9种科学仪器收集各种数据。快船号将致力于搜寻任何从欧罗巴冰盖上冒出的蒸气，因为它们极有可能是水蒸气，这是地下海洋存在的力证。快船号的第二项任务是物质分析，检测欧罗巴大气中是否存在水分子。除此之外，它还将收集其他相关的数据，如欧罗巴的磁场、引力、星壳的厚度，还有地下海洋的深度等。这些数据会让科学家对欧罗巴有一个更详尽的认识。

如果地球之外确有生命的存在，那么欧罗巴是我们目前最有希望找到它们的地方之一。在地球上，只要是有水的地方就有勃勃的生机，几乎从无例外。而考虑到冰封欧罗巴的地下可能有一汪咸水大洋，寻找地外生命的科学家实在是没有理由对它视而不见。他们正在筹划向欧罗巴派遣登陆器，去寻找和探索潜在的地下海洋。倘若科学家真的能在木卫二上发现他们梦寐以求的东西，至少本文开头的那个问题就有了答案：我们在宇宙里并不孤单。

搜寻 H_2O

目前，科学家认为我们可以在太阳系的许多地方找到水，而有水就可能有生命——无论是已经消亡还是依然在繁衍生息的生命。

→ 2015 年 3 月

天文学家宣布，他们通过哈勃望远镜的观测，认为有证据显示木星最大的卫星——伽倪墨得斯（Ganymede，也就是“木卫三”）——上有一个巨大的地下咸水海洋。

→ 2015 年 10 月

卡西尼号以极近的距离飞掠土星卫星恩克拉多斯（Enceladus，也就是“土卫二”），它接触并检测到了恩克拉多斯上的喷射物，确认其冰盖下有咸水水体和有机物分子。

→ 2016 年 1 月

新地平线号传回的数据显示，矮行星冥王星上的固态水比科学家原先预计的要多。

→ 2017 年 10 月

从黎明号收集的数据来看，小行星带中最大的星体——矮行星谷神星——曾被海洋覆盖。

→ 2018 年 7 月

欧洲航天局的火星快车号轨道器发现了火星上有水的证据：这颗红色行星的表面之下可能有一个至今仍存在的水体系统。

→ 2018 年 8 月

借助地球上的望远镜，NASA 的科学家在木星最底层的云层中探测到了水的化学信号。

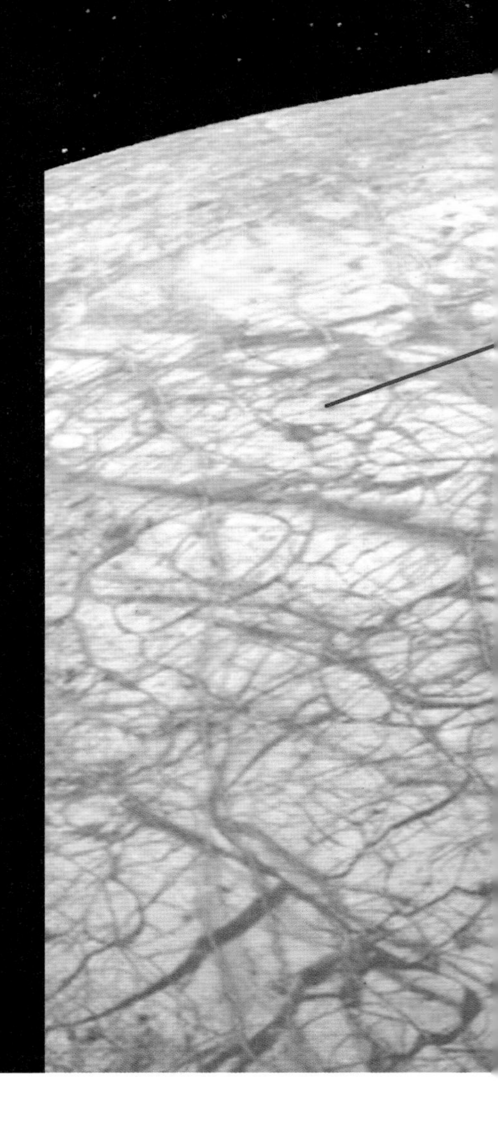

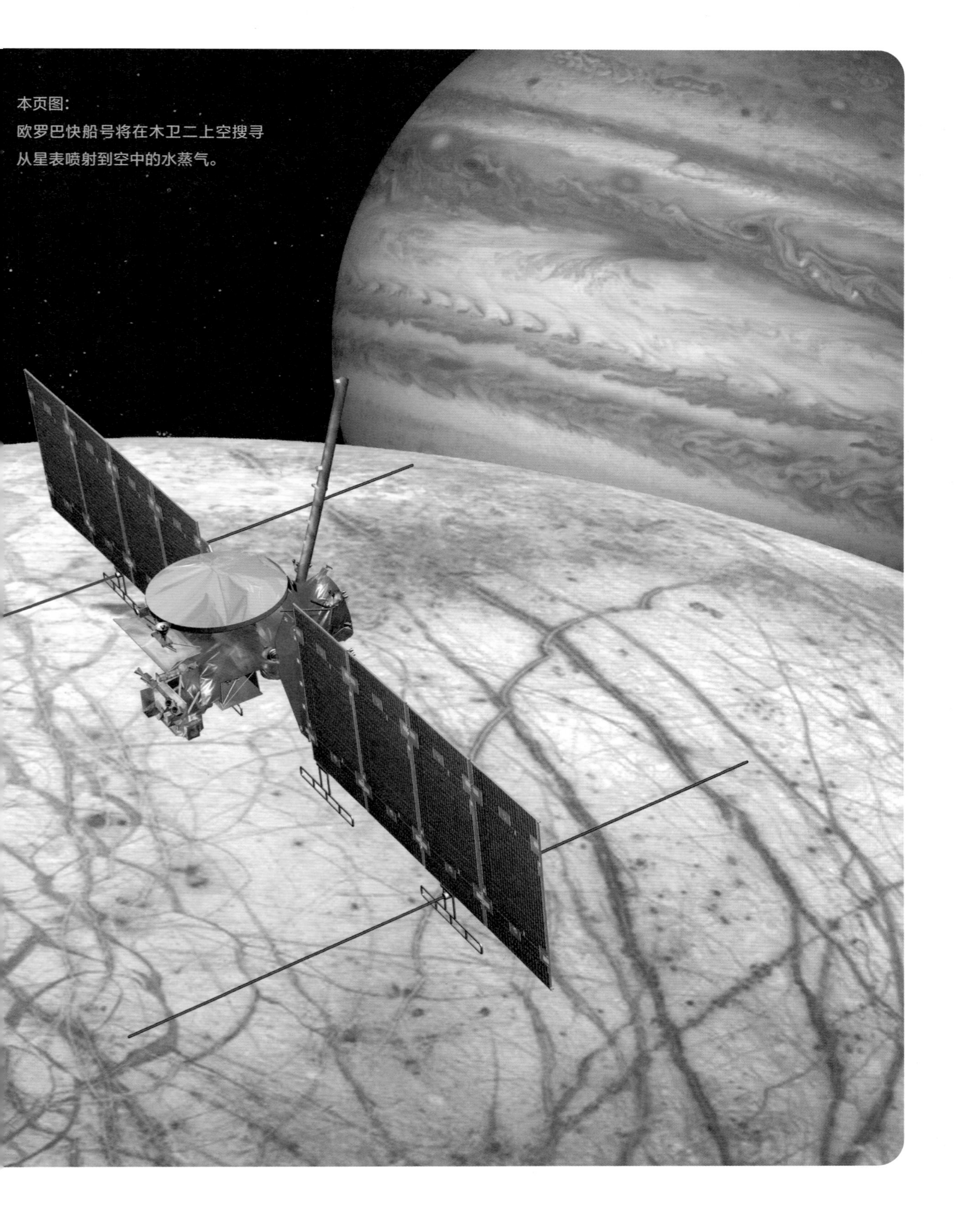

本页图：
欧罗巴快船号将在木卫二上空搜寻从星表喷射到空中的水蒸气。

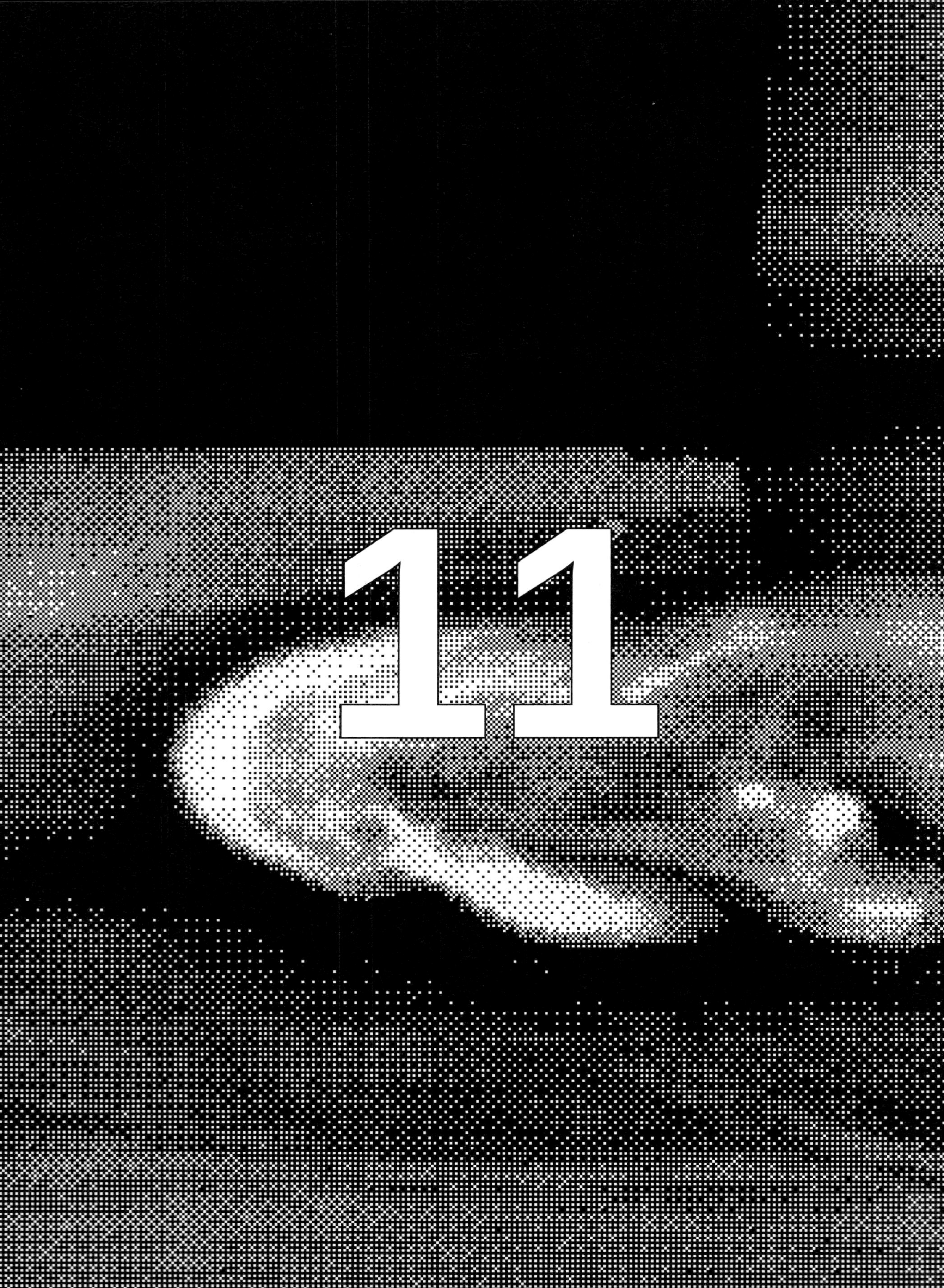
11

土星快照

光环之星的最新发现

土星

表面重力（以地球为 1G）

1.02G

自转周期

10.7 小时

土星年

29.7 个地球年

卫星数量

至少 62 个

SATURN

作为太阳系的第二大行星，土星的体积是地球的 760 倍。即使土星与太阳的距离是地球的 9.5 倍，你仍可以在地球上用肉眼看到它。

土星几乎是一颗完全由氢气构成的行星，所以它非常轻。假设你能找到一个足够容纳它的大游泳池，它能整个漂浮在水面上。

土星最显眼的特征是它的行星环。土星环几乎全部由水的冰晶组成，它的九个主环一直延伸到距离土星表面80 000千米的高空，而土星本身的赤道直径就长达120 500千米。令人意外的是，巨大的土星环的厚度却只有1千米。目前已经得到确认的土星卫星共有62个，它们的引力交织成网，互相牵制，让冰晶能稳定维持在目前的轨道上，这才有了我们现在看到的土星环。

土星环的起源仍是个谜。有的理论认为它们是土星形成过程中剩余的物质，也有的理论认为它们是某颗卫星的碎片。科学家甚至不确定土星环究竟是一种稳定的永久性结构，还是碰巧被我们看到的、昙花一现的奇观而已。

前页图：
这幅高分辨率复合图是由 126 张照片拼接而成的，它们全部由卡西尼号拍摄，展示了土星的南半球和行星环。

卡西尼-惠更斯航天计划

在过去十多年的时间里，NASA 的这个航天任务回传了许多土星和土星卫星的惊艳照片。这些照片帮助科学家解答了很多有关这个神秘星球的疑惑。

在卡西尼号服役的生涯内，一些最引人深思的发现并不来自巨大的行星本身，而是来自它们的卫星。它在恩克拉多斯（土卫二）的表面抓拍到了某种物质的冰晶随气流从地下喷射而出的画面，暗示地下海洋存在的可能性。与卡西尼号乘坐同一艘运输飞船抵达土星的探测器是惠更斯号（Huygens），它则被投放到了常年有云雾环绕的卫星泰坦（土卫六）上，并在那里拍摄到了惊艳的图像。惠更斯号探测器的电池在着陆后很快就耗尽了，而卡西尼号则在轨道上持续观测。通过多年的工作，卡西尼号在泰坦上发现了惊人的“水体”网络：充满碳氢化合物的海洋与河流，它甚至在某些海域里发现了疑似波浪的活动。

卡西尼号探测土星的任务在2017年9月正式结束，前后总计历时13年。NASA主动让卡西尼号坠毁在了土星的云盖上，确保没有任何地球微生物能存活下来，以免污染土星原本的环境，误导未来的勘探。卡西尼号在最后一次飞越土星时经过了两极的上空，科研团队趁机研究了土星的极光。土星的极光和地球的很像，照耀着行星的两极。

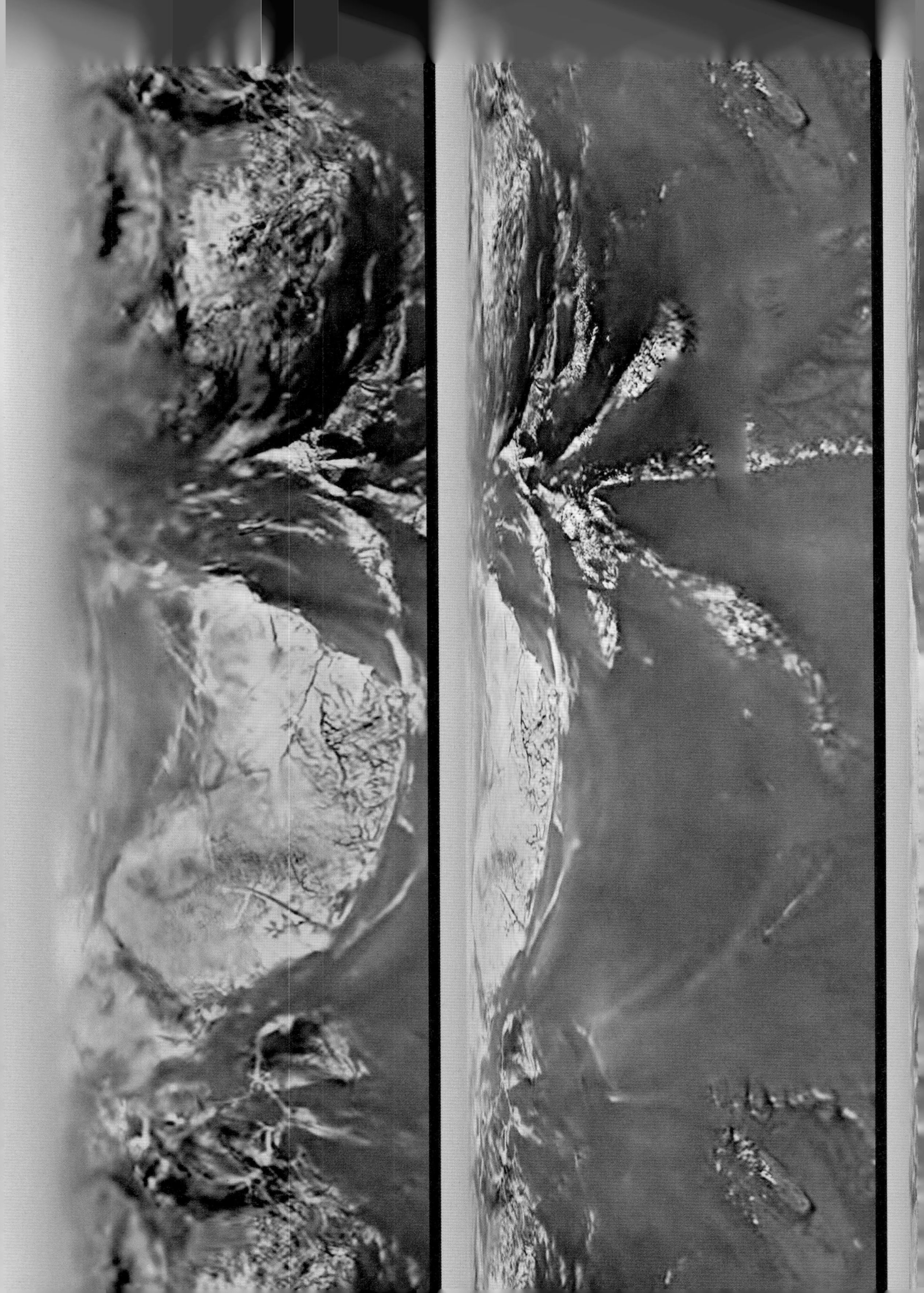

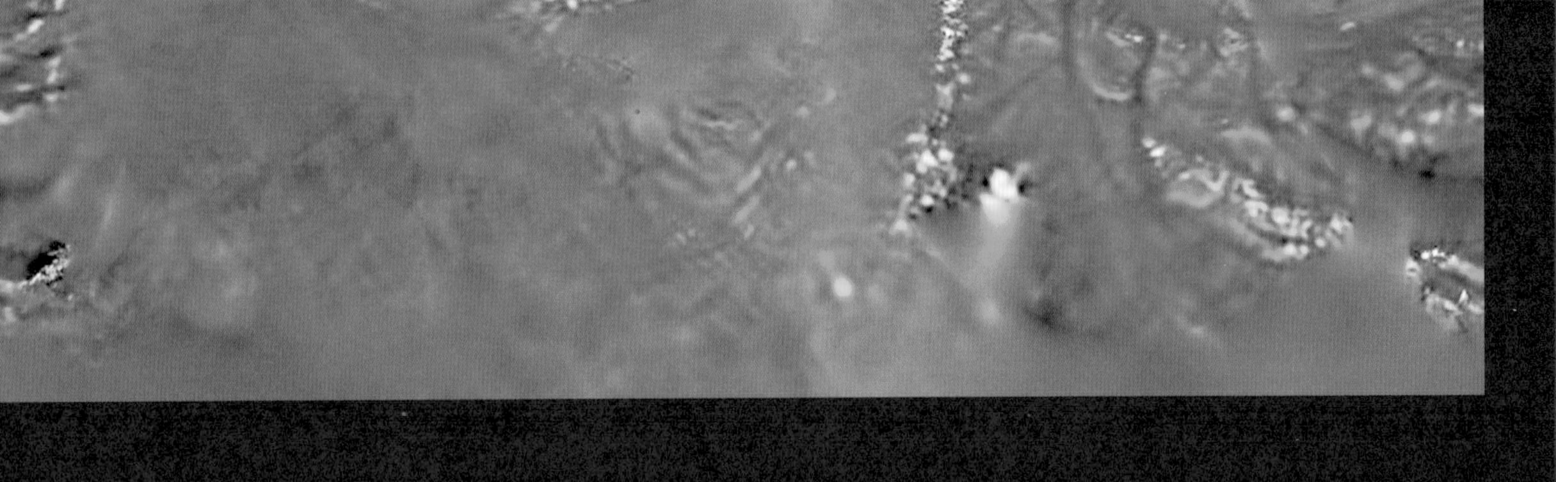

含氮气，惠更斯号在着陆的下
日表面的数据，科学家借此绘
殳影图[1]。从这些图片中可以看
不平；河道里流着液态甲烷，
那些黑色的"沙丘"，它们其实
成的。

球面展开，得到长方形的世界地图

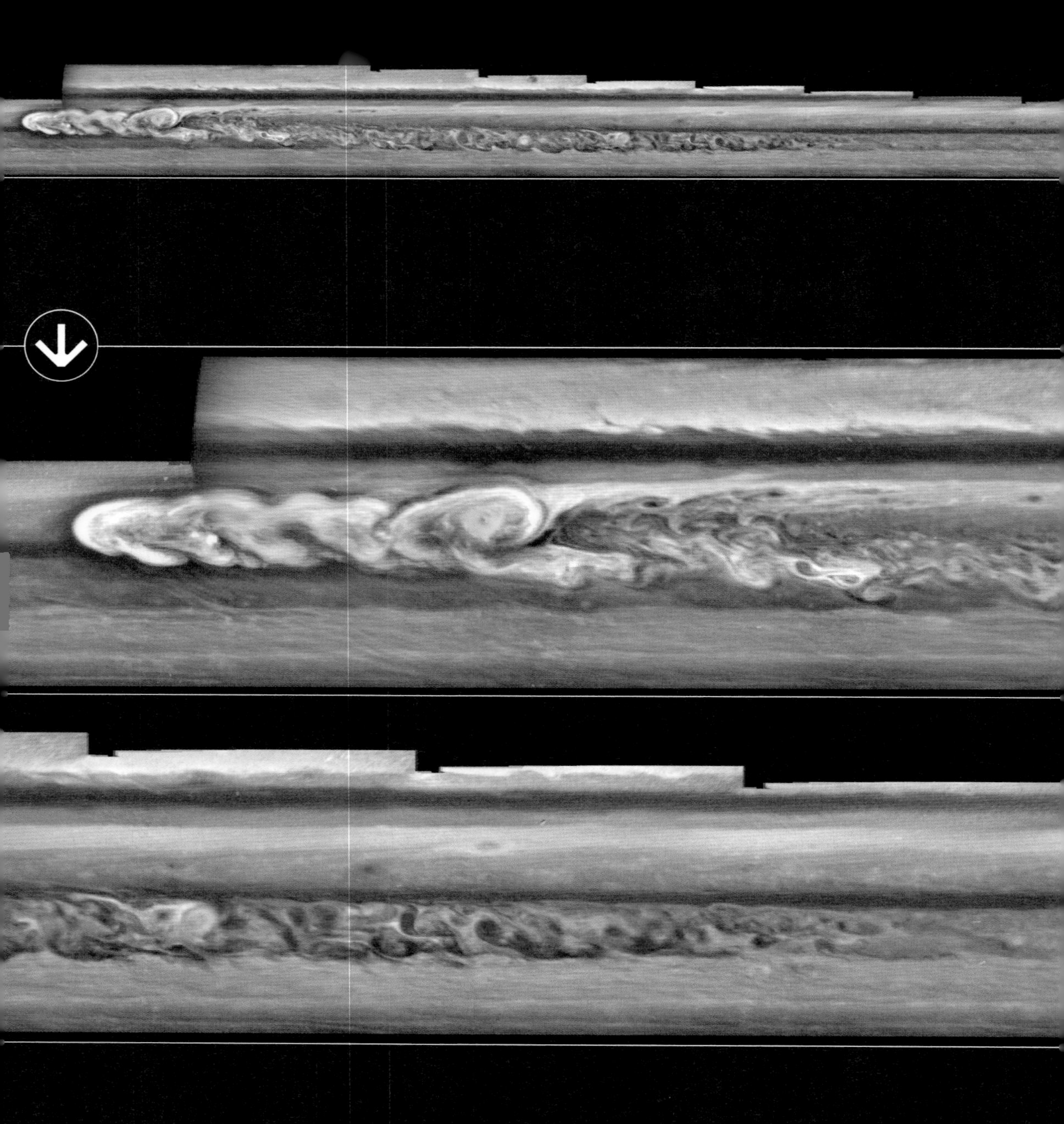

北部的风暴

这场雷电交加的强对流风暴发生在土星的北半球，卡西尼号在 2010 年 12 月第一次探测到了风暴的头部。图片中的颜色是后期处理的结果。在接动。这股气流的运动造就了一个直径达 12 000 千米的涡流，最后，风暴的头部在环绕土星一周后——跨越约 300 000 千米——撞进了自己的

异星玫瑰：土星的北极旋涡

这幅图片经过后期处理，图中的颜色并不同于肉眼的真实所见。红色代表较低而绿色则代表较高的云层。这个在土星北极上空旋转的风暴就像一朵盛开的玫瑰——但是这朵玫瑰可不小，暴风眼的直径达到了2000千米，气旋的速度则超过了500千米每小时。这张照片是由卡西尼号的长焦镜头拍摄的，这是人类第一次拍摄到土星两极的照片。

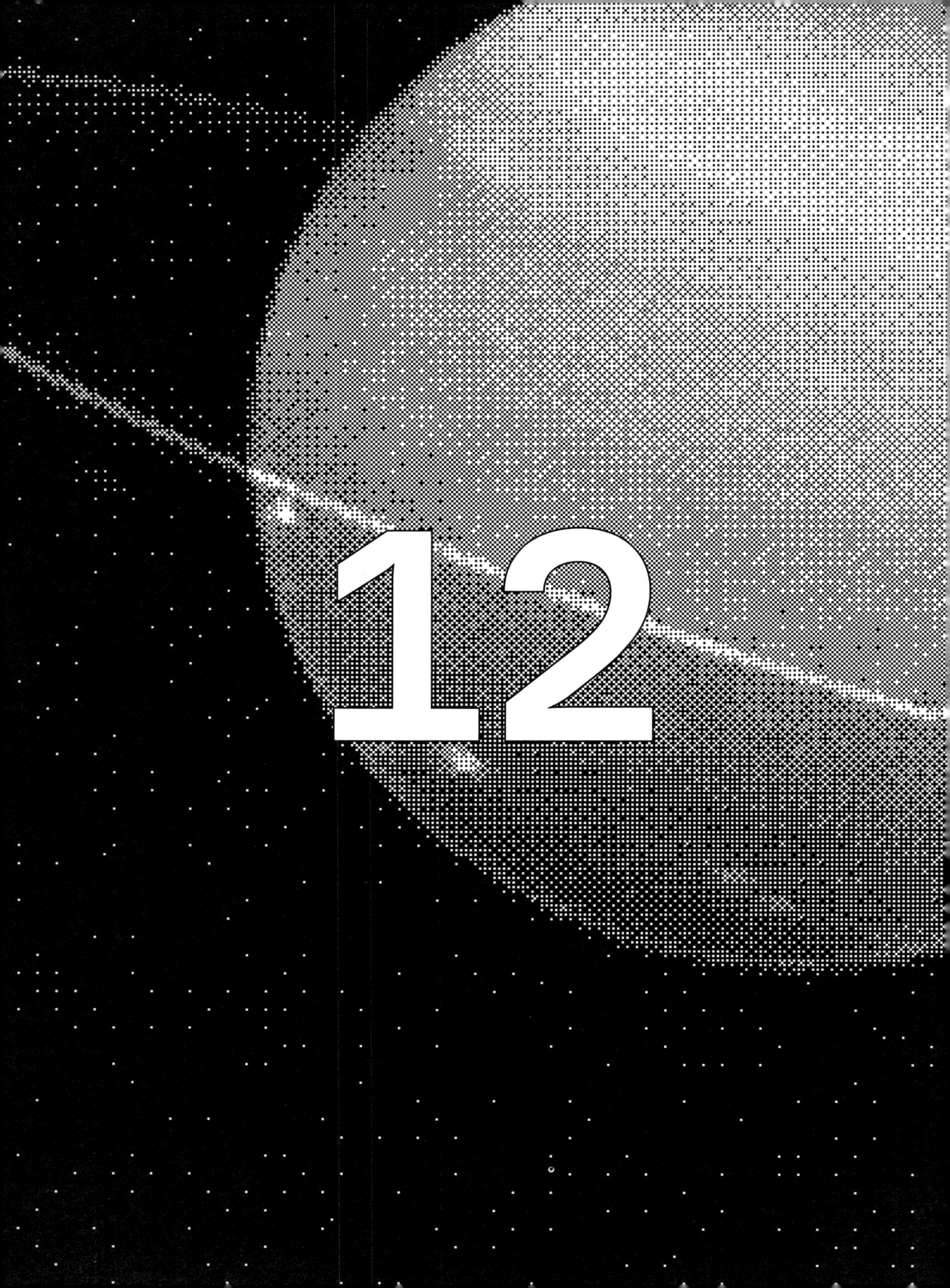
12

冰霜
巨星

探索海王星和天王星

天王星

表面重力（以地球为 1G）

0.89G

自转周期

17.2 小时

天王星年

84 个地球年

卫星数量

至少 27 个

URANUS

海王星

表面重力（以地球为 1G）

1.14G

自转周期

16.1 小时

海王星年

165 个地球年

卫星数量

至少 14 个

NEPTUNE

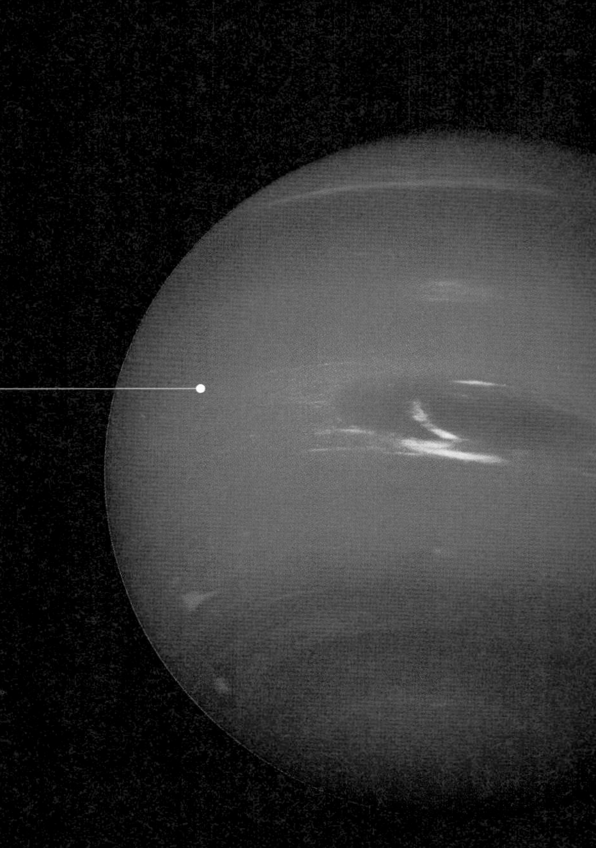

天王星和海王星

在太阳系的边缘有两颗巨大的冰冻星球，对它们，我们还知之甚少。

远离太阳的这两颗行星非常寒冷，它们几乎就是两颗被冰块包裹着的岩石核心，外面再加上一层厚厚的氢气作为大气。两颗行星中的天王星，与太阳系的其他行星完全不同：它的表面覆盖着平整无痕的完美云层，上层大气中的甲烷让整颗星球泛着蓝色。天王星几乎是“躺着”在绕太阳公转——它的自转轴几乎就在公转平面上，所以它更像是在沿公转轨道“滚动”。也因为这个原因，整个天王星每过84年——也就是一个公转周期——才能完整经历一轮太阳的照射。

另一颗巨大的冰冻星球，海王星，则是太阳系中距离太阳最远的行星——相距45亿千米。由于它的内核温度比天王星高，所以星球表面的大气对流活动极其剧烈：海王星上的风速可达2400千米每小时，是太阳系之最。

这两颗偏远的行星至今都只被人类探访过一次——20世纪80年代末，旅行者2号探测器曾与它们邂逅。NASA正在计划再次前往天王星和海王星，可能的方案包括发射途经目标行星的宇宙飞船、环绕行星的轨道器，甚至是进入天王星的大气探测器。还有一个酝酿中的计划是向海王星发射行星轨道器，顺带观测它最大的卫星——特里同（Triton）。

13

矮行星

为什么冥王星被降级了

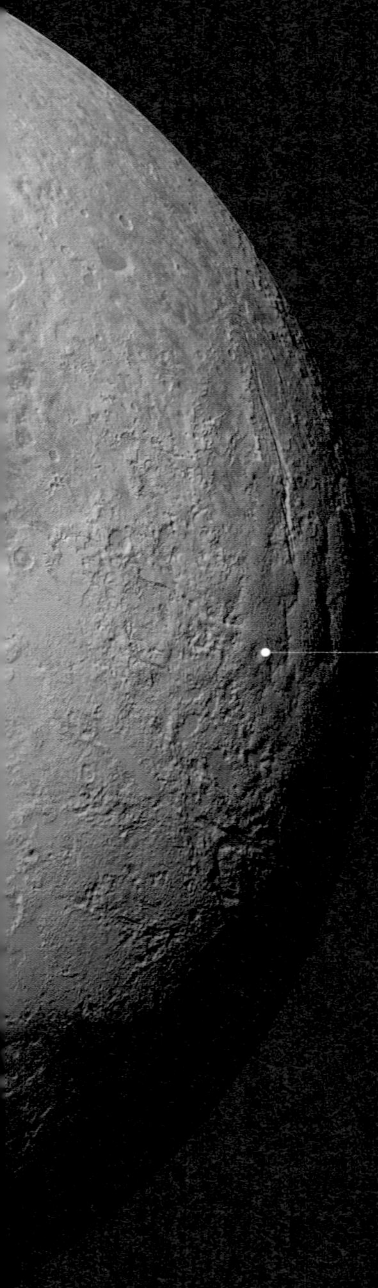

冥王星

表面重力（以地球为 1G）

0.06G

自转周期

6.4 个地球日

冥王星年

248 个地球年

卫星数量

5 个

PLUTO

冥王星

新地平线号在飞经冥王星时拍下了前页这张照片，可以看到冥王星铁锈色的行星表面以及一块陨石坑相对较少的心形区域，足见冥王星是一颗地质活动非常复杂的矮行星。

矮行星

在太阳系边缘发现的遥远星体，深刻影响了行星科学的发展以及我们对行星的定义。

许多人都还记得曾经在科学课上学过太阳系的九大行星。多年来，科学家在太阳系的边缘地带发现了许许多多星体，有的是岩石，有的是冰块。不管其组分为何，它们都让冥王星作为行星的地位变得越来越尴尬。冥王星最终被踢出了太阳系行星的行列，成了一颗矮行星，而太阳系的九大行星也成了八大行星。

冥王星是由美国天文学家克莱德·汤博（Clyde Tombaugh）在1930年发现的，它在20世纪绝大部分的时间里都被认为是太阳系中距离太阳最遥远的行星，直到90年代初，情况发生了变化。

人类发现第一颗太阳系外行星的时间是1992年，同样是在这一年，科学家在距离老家更近的太阳系边缘地带有了新的发现：第一批超过1000个的岩石星体——现在它们被称为“海王星外天体”（Trans-Neptunian Objects，简称

TNOs）——它们普遍已经有45亿年的历史了，科学家把这些星体所在的轨道取名为柯伊伯带。随着TNOs的数量不断增加，这一大类天体的分类越发显得混乱和令人迷茫：很多人认为在柯伊伯带里发现一颗体积和质量都与冥王星相当的天体只不过是个时间问题，如果把冥王星算作行星，那么到时候我们要把它或者它们也归入太阳系行星的行列吗？

2003年，天文学家麦克·布朗（Mike Brown）、查德·特鲁希略（Chad Trujillo）和大卫·拉比诺维茨（David Rabinowitz）在冥王星以外很远的轨道上发现了一颗巨大的柯伊伯带天体——阋神星（Eris），这个发现让国际天文学联合会（International Astronomical Union，简称IAU）无法再坐视不理。IAU是一个成立超过百年的天文学组织，它由一万多名天文学家组成，是制定天体分类标准的权威机构。由于阋神星的发现，IAU在2006年召开的国际天文学大会上提议对行星的定义进行辩论。辩论最终认定行星必须具备三个属性：首要标准很容易判定，即太阳系的行星必须围绕太阳做公转运动；其次，行星必须处于流体静力平衡状态，换句话说，它必须有足够且适当的重力（质量），让星体维持球形或者接近球形的外形；最后，行星必须能肃清自己的轨道。冥王星不符合最后一条标准，于是“矮行星”的概念应运而生。同样被归入矮行星的还有阋神星和其他与行星定义有一步之差的天体。

“通常认为，柯伊伯带的发现与冥王星的降级有直接的因果关系。”亚历山德罗·莫比德利（Alessandro Morbidelli）说，他是一名在蔚蓝海岸天文台（Observatoire de la Côted’Azure）工作的意大利天文学家，同时也是IAU的成员。2006年，当冥王星的命运被宣判时，莫比德利正好在场。

“冥王星位于柯伊伯带上，但是它的体量不足以撼动和影响同一轨道上的其他小行星，这有悖于我们对行星的认定标准。继续把冥王星算作行星就会引发大问题。因为如果它是行星，那么阋神星也是。如此一来，行星的认定下限就会不断被拉低。比如，一颗体积只有冥王星一半的小行星算不算行星呢？区分行星和非行星的界线到底是什么？所以我们必须制定出标准，不然当学校里的孩子问‘太阳系有多少颗行星’时，他们的老师就只能回答说‘唔，我们也说不清’。这不就有点乱套了吗？”

目前，被正式认定的矮行星名录上只有5个成员：冥王星、阋神星、谷神星、妊神星和鸟神星。冥王星是其中体积最大的，即便如此，它的直径也仅为月球的三分之二。

探索冥王星

两艘旅行者号飞船都在20世纪70年代发射升空，整个80年代它们都跋涉在穿越太阳系的路上。但是它们的航行计划里并没有包含冥王星。担此大任的是NASA的另一艘探测器新地平线号，它让我们第一次有机会从近距离观测这颗矮行星。2015年7月14日，新地平线号在飞越冥王星上空时拍到了一处心形的冻原，其中冰川的成分是固态的氮气。这块固氮冰原后来被命名为“汤博区”（Tombaugh Regio），它是目前太阳系中已知的面积最大的冰川。汤博区里几乎没有明显的陨石坑，相比之下，冥王星表面的其他区域则布满了大大小小的坑洞，可见冥王星过去曾经历过复杂的地质活动。新地平线号镜头下的冥王星是一颗铁锈色的星球，这可能是因为它的表面覆盖了暗色的托林——一种在太阳系边缘地带很常见、主要存在于低温行星上的物质，它是由稀薄大气中的甲烷受紫外线照射后产生的复杂混合物。甲烷还有可能扮演了另一个角色，在汤博区左下有一处明亮的地带，那是长达3000千米的克苏鲁山脉（Cthulhu Macula）。它明亮的颜色可能是由甲烷气体凝固后

5 颗矮行星

以下是目前我们对太阳系 5 颗矮行星的已有认识。

冥王星
Pluto

5 颗矮行星中知名度最高的成员，它有稀薄的蓝色大气层。冥王星的高山上落满了雪，只不过是甲烷凝结成的雪。

阋神星
Eris

这颗矮行星很可能是岩石天体，但是 -243 摄氏度的表面温度势必会让它的大气冻结，洋洋洒洒像雪一样落入星球表面。阋神星有一颗卫星，名为黛丝诺米亚（Dysnomia）。

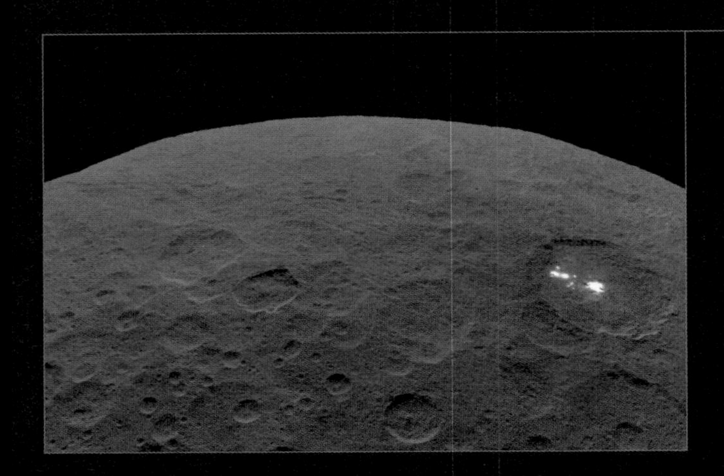

谷神星
Ceres

谷神星没有卫星，也没有大气，但是有证据显示它有固态水、水蒸气和地质活动。谷神星是5颗已知的矮行星中体积最小的。

妊神星
Haumea

人类发现的第一个带星环的柯伊伯带天体，这个形似橄榄球的矮行星是太阳系中自转速度最快的大型天体之一。

鸟神星
Makemake

我们对这颗明亮的柯伊伯带天体了解不多，只知道它看上去是红棕色、有一颗被确认的卫星，以及可能有一层薄薄的大气且表面落满了乙烷和甲烷的冰晶。

洒落在岩石山脊上造成的。

除了冥王星，谷神星是仅有的一个被人类航天器造访过的矮行星。谷神星位于火星和木星之间的小行星带。2015年，NASA的黎明号发现谷神星内部与外部的密度不同。科学家认为这可能因为在谷神星起源的早期，密度较大的岩石成分沉入星球内部，而富含水分、密度较低的星壳包裹在外。谷神星上的固态水约占星球总质量的25%，它是太阳系中含水量第二多的天体，仅次于地球。含量同样惊人的还有谷神星的盐度——黎明号在谷神星上发现了许多显眼的地质标识，其中之一就是奥卡托陨石坑（Occator crater）[1]里的白色斑点，科学家认为它们可能是大量析出的碳酸钠。如此高的含盐度解释了为什么谷神星虽然是一颗又小又冷的矮行星，但是却有频繁的地质活动：盐分会降低水的凝固点，所以很多水并没有在低温下结冰。

由于没有发射过探测器，所以直到今天，我们对剩下的三颗矮行星都几乎一无所知。其中最有吸引力的要数妊神星。它每四小时就能完成一次自转，极高的自转速度和离心力把妊神星甩成了橄榄球形。妊神星的自转速度之所以如此反常，很可能是因为在数十亿年前曾与另一颗天体发生过猛烈的碰撞。那次撞击的另一个结果是产生了许多碎片，它们后来融合成了谷神星如今的两颗卫星——纳马卡（Namaka）和希亚卡（Hi' iaka）[2]。2017年，当地球、谷神星和另一颗遥远的恒星处于一条线上时，有的天文学以恒星为背景，观测到了谷神星的光环。

探索矮行星的航天项目大有必行之势。“每次我们造访一个新地方，就会学到新的东西，”莫比德利说，“矮行星也有各自的特点，我们还远远没能理解这种天体。比如，谷神星和冥王星的区别就显而易见：谷神星相对更小，它们在太阳系中的

译者注：

1. 奥卡托是谷神刻瑞斯的12位辅神之一。

2. 谷神刻瑞斯的两个女儿。

位置不同，它们的起源、形成方式和未来的命运也都不相同。哪怕是多探索一颗柯伊伯带的矮行星，把它和冥王星做个比较，也是很有启发的事。”

曾经我们以为海王星外空空如也，后来我们发现的越多，就越凸显了从前的无知。谁能预料到呢？在宇宙中的持续探索将让我们开辟更广阔的异星世界，它们中还会有矮行星，说不定也会有其他种类的天体。

寻找 X 行星

研究遥远的矮行星有助于解答太阳系最大的谜团之一。

天文学家一直在海王星的行星轨道外搜寻设想中的第九号行星，他们把它暂时命名为“X 行星”。天文学家最新的寻获是“至远星”（Farout），它很可能是一颗矮行星，但是还有待正式的认定。至远星与太阳的距离是冥王星的 3.5 倍，天文学家的观测显示，它和其他几个天体共享了轨道，它们相互之间靠得非常近，很显然受到了某颗未知行星的修正和影响——很可能是一颗大型的超级类地行星。至远星的发现者之一，天文学家斯科特·谢帕德（Scott Sheppard）说：“遥远的矮行星就像掉在地上的面包屑，能指引我们找到 X 行星。如果矮行星的轨道的确受到了 X 行星的干扰，那我们找到的矮行星越多、对太阳系外围地带的了解越深入，就越有希望找到这颗见首不见尾的行星。这将是能刷新我们对太阳系演化认知的大发现。”

本页图：
哥布林星（Goblin）的艺术效果图——这是另一颗有待正式认定的矮行星。哥布林星离地球实在是太远了，以至于它 99% 的公转轨迹我们都观测不到。

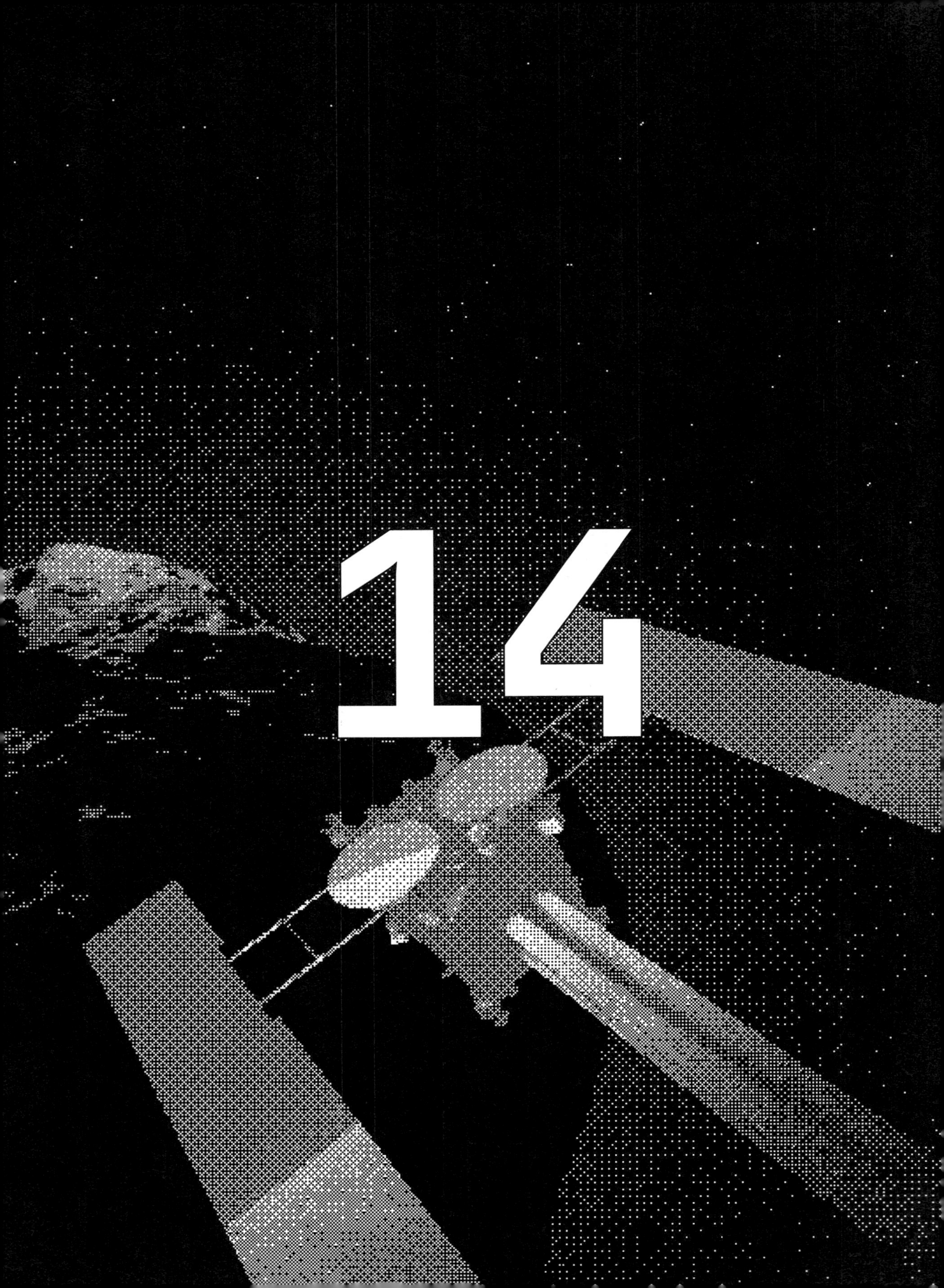
14

到小行星上出个差

采集太空岩石的艰难之旅

一批最先进的航天器将用前所未有的方式把岩石样本从太空直接带回地球，这将是自 20 世纪 70 年代 NASA 结束最后一次阿波罗登月以来，规模最大的星际物质回收任务。

奥西里斯·雷克斯号和隼鸟2号——这两架航天器分别由NASA和日本宇宙航空研究开发机构（JAXA）主导，目前它们都已经进入目标小行星的轨道。在将来，对小行星的探测和直接的样本回收肯定能让我们获益良多，包括太阳系是怎么形成的、如何改变撞向地球的小行星的轨道，甚至地球生命的分子起源。

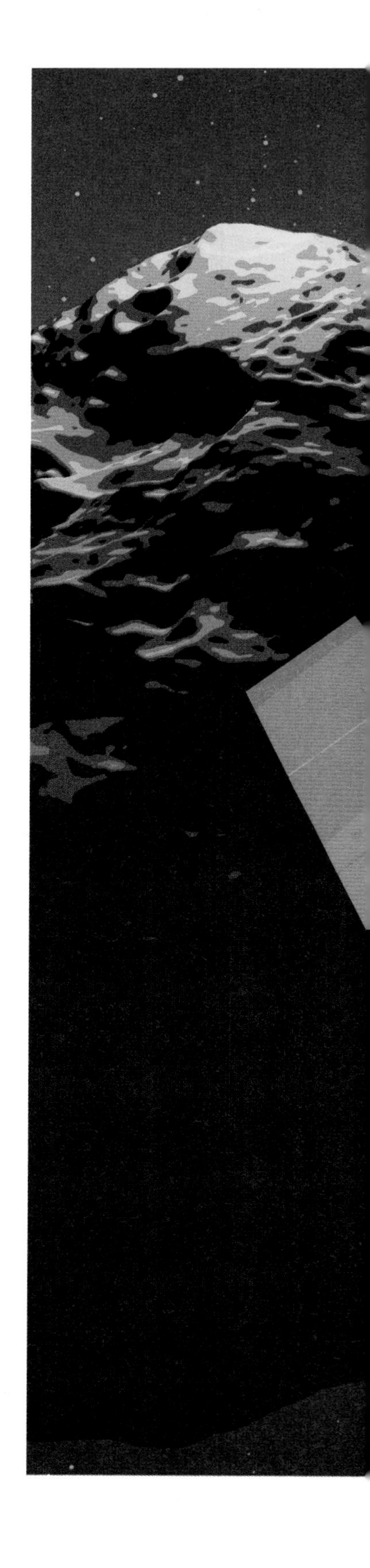

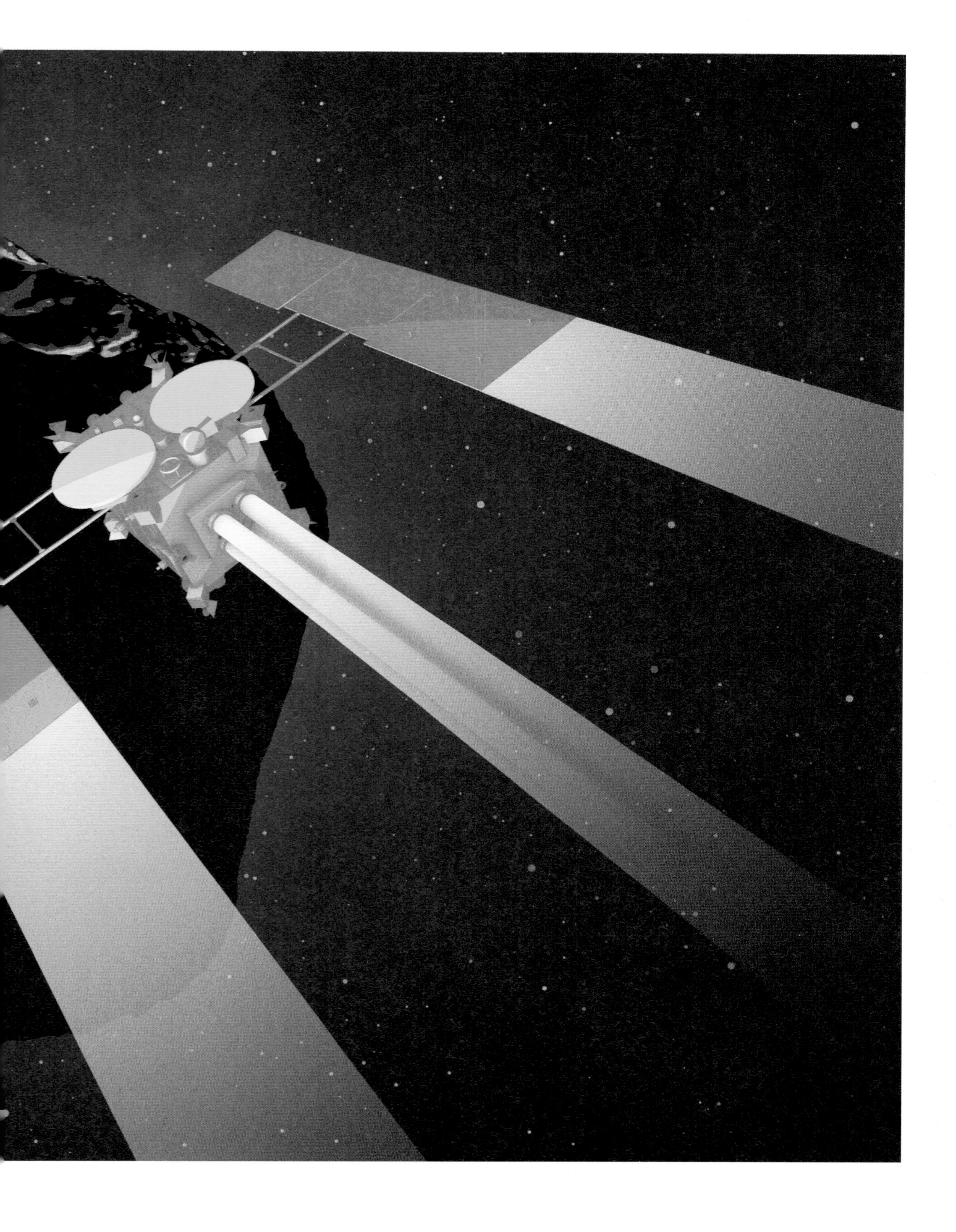

242
EXIT

上图：
2016 年发射前夕，奥西里斯·雷克斯号的装配现场。

NASA 的奥西里斯·雷克斯号与 JAXA 的隼鸟 2 号参与的都是样本回收任务，它们会轻轻地降落在目标小行星上，挖取一点小行星表面的物质，再把它们安全地送回地球，交到那些望眼欲穿的科学家们的手里。与单纯发射航天器不同，让航天器返回地球的难度极大，这两艘样本回收飞船在当下都可谓工程学上的奇迹。日本的隼鸟 2 号参与的是 JAXA 开展的第二次小行星样本回收任务，2010年，隼鸟1号曾成功从小行星丝川（Itokawa）上带回了一小块样本。虽然过程一波三折、小状况不断，但是隼鸟 1 号最终还是成功返回，并完成了一系列任务，比如它是第一艘被设计用在小行星上着陆和起飞的航天器，同时这也是人类第一次成功将小行星样本送回地球。隼鸟2号大体上沿用了其前任的结构和设计，只是加入了更多的应急系统以确保执行任务的可靠性，同时也取得了一些技术上的升级。除了通信天线和导航系统的升级之外，隼鸟2号粒子推进器的动力比1号强25%。不仅如此，它还能在小行星的表面自动完成下降和着陆的过程。隼鸟2号本身也会扮演母舰的角色：它装载了一架登陆器和三辆小行星车，届时将把它们部署到小行星的表面，到不同的位置以不同的视角对小行星和作业的过程进行近距离观测。

与此同时，NASA的奥西里斯·雷克斯号是美国第一艘执行小行星样本回收任务的飞船。奥西里斯·雷克斯号的体积大约是隼鸟2号的两倍，帮助它前往小行星的动力系统不是隼鸟2号那样的粒子推进器，而是传统的火箭推进器。两个航天器都分别要对各自的目标小行星进行一年半的探测，绘制小行星表面的地图。它们还要用光谱仪远程勘探星体的矿物成分。科学家将利用这些数据，为隼鸟2号和奥西里斯·雷克斯号挑选收集样本的最佳着陆地点。

时间胶囊

小行星之所以受到科学家的重视，是因为它们是行星形成后最原始且最直接的星云残留物。小行星就像一个个穿梭在太阳系里的时间胶囊，包藏着太阳形成之初的物质，记录了地球诞生之前的星系历史。通过对它们的近距离研究，科学家们希望能够回答一些与太阳系形成和演化有关的基本问题。尤其是考虑到小行星曾是参与构成行星的原料，针对它们的研究可以帮助我们弄清像地球这样的岩石行星究竟是如何形成的。

更令人期待的是，奥西里斯·雷克斯号和隼鸟2号的目标都是C型小行星（carbonaceous asteroids，即“碳质小行星”）。C型小行星是一种含碳比例很高的小行星，除此之外，它们通常还有相当高比例的含水矿物。科学家认为正是C型小行星给原始的地球带来了大量的水分，填满了地球的海洋，而像氨基酸这样的有机物质也可能是随着它们到达了地球。隼鸟2号项目的负责人津田雄一（Tsuda Yuichi）博士认为：“C型（高碳）是我们挑选目标小行星的基本条件。天文望远镜的观测显示，小行星‘龙宫’的主要组分是碳基物质和水合矿物，所以它很有可能是我们研究地球生命起源的重要线索。我们以前从来没有实地探测过这种小行星，也没有回收过它们的样本，这也正是隼鸟项目让人期待的地方。”

有机分子是地球上所有生命形式的物质基础。有的有机分子能够聚合成长链，再由长链分子构成生物体的细胞，这种例子在自然界俯拾皆是：蛋白质由氨基酸组成；DNA和RNA由核苷酸经碱基配对构成；还有，细胞膜的主要成分是长链的油脂

前页图：
小行星是记录了太阳系形成过程的时间胶囊。

上图：
隼鸟 2 号拍摄的小行星龙宫的最新影像。

分子。我们现在已经知道，许多组成生命的基本物质都来自地球之外，它们或是飘浮在宇宙中的低温气体尘埃里，或是位于年迈恒星周围较为温暖的地带——在太空中追溯和研究这些物质的学科被称为“天体化学”。太阳系形成之初，在中心引力的作用下，原本分散在星云中的有机质被拉到了一起并整合进了小行星与陨石当中。因此，虽然小行星并不是直接把成熟生命体送到年轻行星上的送子鸟，但它们很可能是带来生命基础物质的快递员。科学家认为，如果能直接在小行星上找到有机分子，那就相当于找到了支持这种理论的证据。

科学家曾在坠落到地球上的陨石里发现过诸如氨基酸之类的小分子有机物，而上述的两项小行星任务让他们第一次有机会获得直接从小行星上采集的含碳物质。这里的关键在于，虽然陨石是自然降落到地球上的原始太空岩石，但是从进入地球大气层的那一瞬间起，它们就时刻处于被地球物质污染的风险中。考虑到这种情况，小行星样本回收任务就显得尤为重要——它让机器人从源头采集样本，而后马上送回地球，避免了地球物质的污染和干扰。萨拉·罗塞尔（Sara Russell）教授是英国伦敦自然博物馆的行星科学家，她将在奥西里斯·雷克斯号携带样本返回地球后，参与初步的研究工作。“我的整个职业生涯都在和陨石打交道，但是我们这个领域里甚至没有人说得清小行星和陨石有多大的可比性，也无从知晓它们是从太阳系的哪里来的，”她解释道，“奥西里斯·雷克斯号相当于一次太空版的大型实地科考项目，我们前往小行星，挑选并采集样本。在不远的将来，它荣归地球之日，就是陨石学家们梦想成真之时！”

NASA和JAXA挑选的目标都是碳含量极高、极纯的小行星。除了成分之外，科学家还要考虑小行星的尺寸大小（只有质量合适的小行星才能为探测器的公转提供足够的引力）、自转速度不能太快（这样探测器才能安全“着陆”），还有公转轨道不能离地球太远（在探测器的有效航程内）。“能够同时满足这些条件的小行星其实非常少。”隼鸟2号离子推进器的研究负责人仁实国中（Hitoshi Kuninaka）教授如是说。最终，NASA的科学家们选择了以101955号小行星贝努为目标，而JAXA的隼鸟2号项目则决定前往162173号小行星龙宫。届时，两艘航天器将以前无古人的方式完成采集小行星样本的任务。

奥西里斯·雷克斯号会缓缓降低高度，贴近小行星，但是并不会真的降落到它的表面。在这个过程中，奥西里斯·雷克斯号还会把太阳能板向上合拢，以防其受损。等到距离小行星表面足够近，奥西里斯·雷克斯号将伸出机械臂，用强烈和锋利的氮气流把岩石冲碎后再吸入收集样本的装置内。只需要大约5秒钟，收集口就关闭，随后奥西里斯·雷克斯号会自动启动拉高的程序，从小行星表面脱离。按照这种方式收集到的样本质量预计将介于60克到2千克之间，这些珍贵的太空物资会被封存在返回舱中，发送回地球。如果一切顺利，它们最后会安全降落在美国的犹他州，等待回收人员前去处理。

隼鸟2号的工作方式更富有新意。它携带了一种名为“小型便携式冲击器”（Small Carry-on Impactor，简称SCI）的装置：以塑性炸药为动力源，包括一个质量为2.5千克的铜质炮弹和锥形的聚能弹道。SCI相当于一门火炮，让铜质炮弹以超过700千米每小时的速度撞向龙宫的表面，在上面砸出一个坑洞。而爆炸发生时，隼鸟2号会躲到小行星的背面，防止被爆炸产生的弹片误伤。它还会留下一架摄像装置监控和传输爆破的场面，等待合适的时机回到爆破点收集样本。隼鸟2号爆破式的采样策略让我们有机会研究和分析小行星的内部结构，这些深藏于小行星下的物质可能从未暴露于紫外线和太阳风中。

对页图：
隼鸟1号返回地球后，科学家正在提取设备中的小行星样本。

除了探究地球和生命的起源，小行星探测器还有一个重要的目标：让人类免于灾难性的天体撞击事件。贝努和龙宫围绕太阳公转的轨道距离地球很近，它们正是那种可能对地球有潜在威胁的小行星。以贝努为例，它在公转轨道上每过6年就会近距离掠过地球一次。科学家预计，以当前的轨道计算，小行星贝努在2169—2199年将有1/1410的概率与地球发生碰撞。

以贝努为典型代表的小行星，长远来看，它们的公转轨道会因为一种被称为“亚尔科夫斯基效应”（Yarkovsky effect）的现象而逐渐改变，奥西里斯·雷克斯号将帮助我们进一步深入了解这个过程。亚尔科夫斯基效应产生的原因是小行星面向太阳的一面温度较高，向阳面释放红外辐射的效应要强于背阳面，由此导致不平衡的推力。虽然这种净推力非常微弱，但是只要时间跨度足够长，它依然能够对天体的运行轨道产生显著的影响。奥西里斯·雷克斯号目前正在研究这种效应，目的是评估这种效应到底能在多大程度上影响到贝努与地球

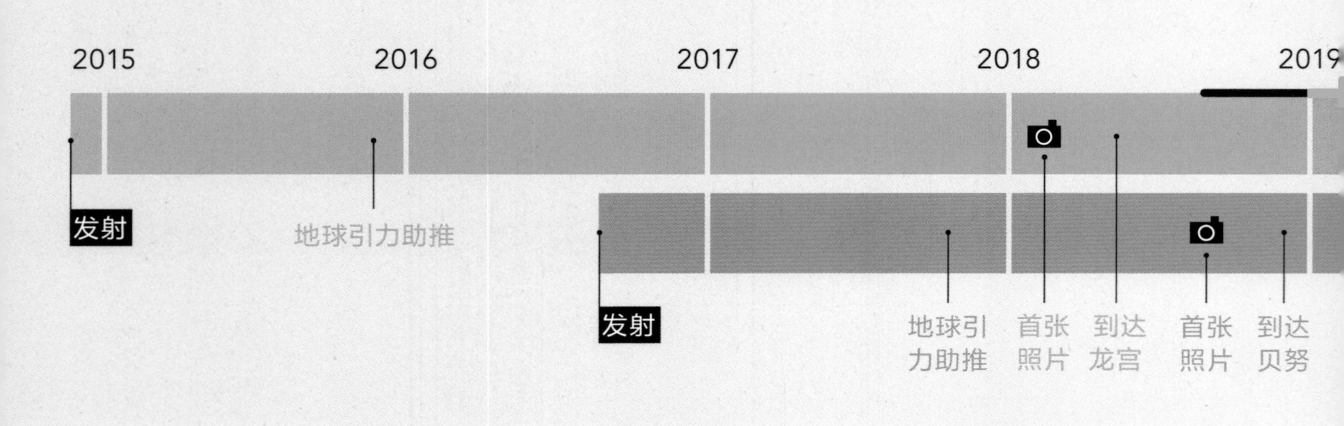

未来的命运。探测器还会测量小行星的物理属性，分析它到底是一块完整的单体，还是由多块大型的岩石松散拼凑而成的。这部分研究的结果将直接影响未来小行星轨道偏转技术的发展方向。

小行星样本回收计划之所以是航天技术上的壮举，不仅仅是因为它们敢于挑战高难度任务的冒险精神，还在于其宽阔的视野和长远的意义。宽阔的视野是指它回望过去，用研究太空的方式探究地球生命的起源，长远的意义则是指它着眼未来，致力于保护地球上的一草一木免受天灾。而无论结果如何，小行星探测器都将让我们更清楚地球在宇宙中的地位。

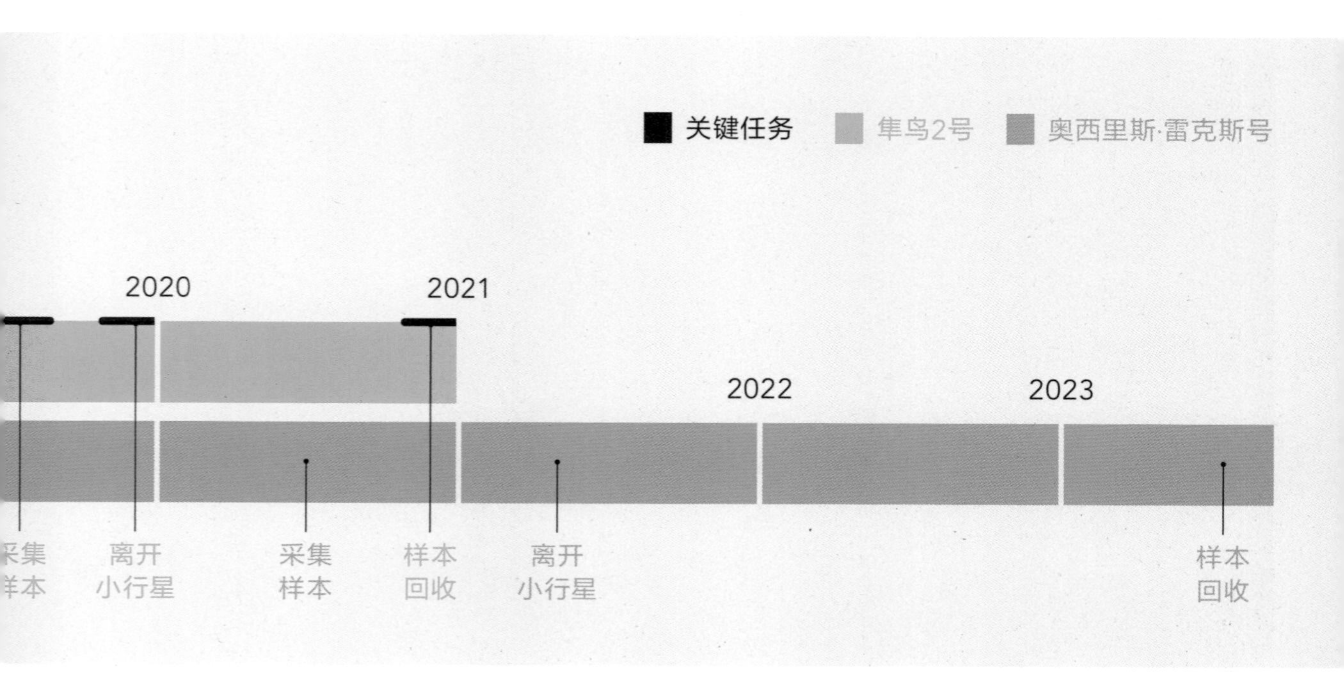

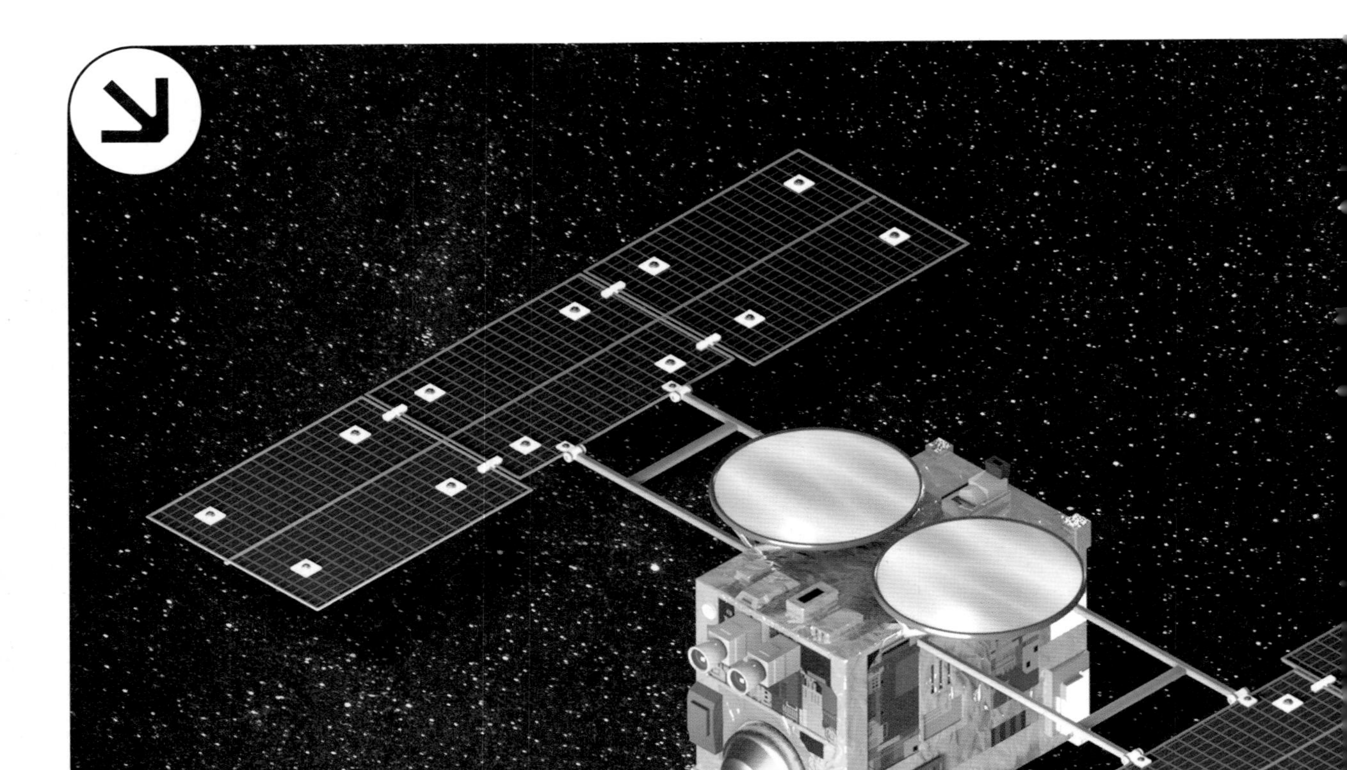

隼鸟 2 号

发射质量：600千克

尺寸：1米×1.6米×1.3米

目标小行星：编号162173，龙宫

发射时间和地点：2014年12月3日，发射于日本种子岛宇宙中心

样本回收能力：最多300毫克

样本返回地球时间：2020年12月

电力供应：两组太阳能电池，功率1.4~2.6千瓦

动力：4个离子推进器和12个火箭推进器

燃料：氙和肼

预算：164亿日元（约合10.332亿元人民币）

隼鸟2号采集和回收样本的工作流程

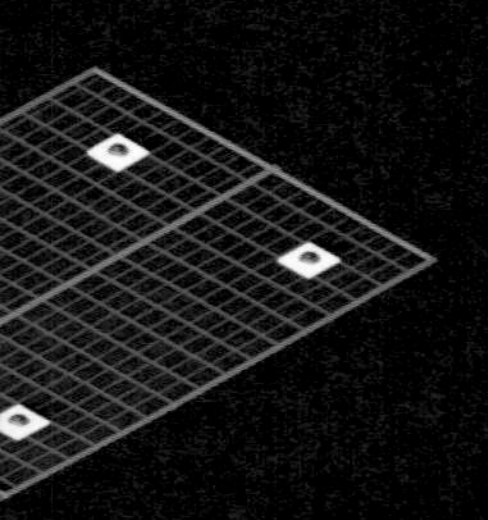

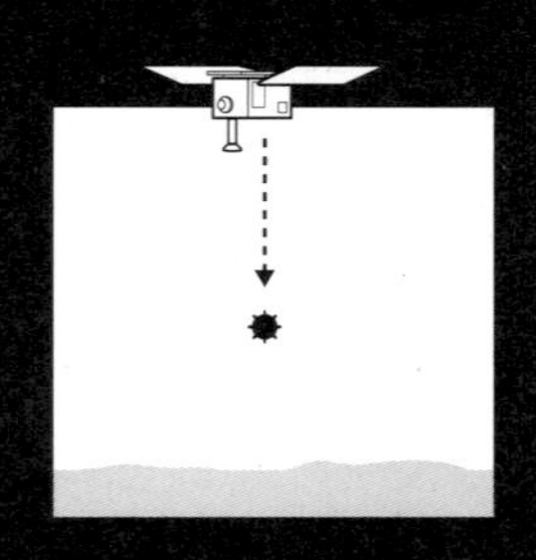

1 探测器接近龙宫后，在大约 500 米的高度部署小型便携式冲击器。装置里的炸药引爆后，把质量为 2.5 千克的铜质炮弹射向小行星表面，炸出一个直径约 2 米的坑洞。

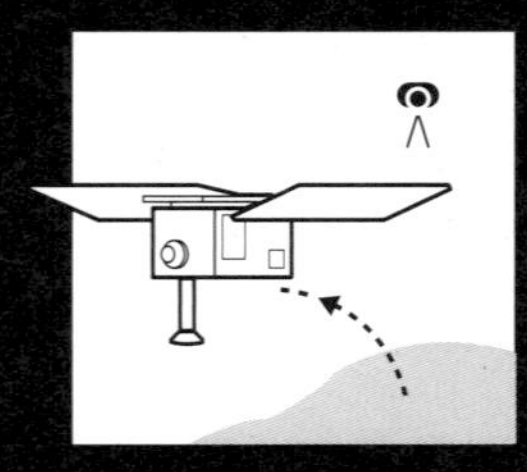

2 在冲击器引爆之前，探测器会在太空部署一台用于监控爆破过程的摄像机，并在部署完成后躲到小行星的背面，防止自己在爆炸中受损。

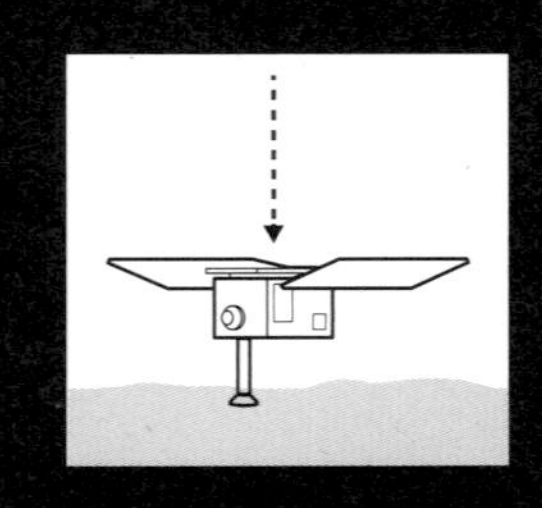

3 确认安全后，隼鸟 2 号会回到炸出的坑洞上空，启动火箭喷射器帮助其下降，直到它可以用伸缩的样本收集头碰触到小行星的表面。

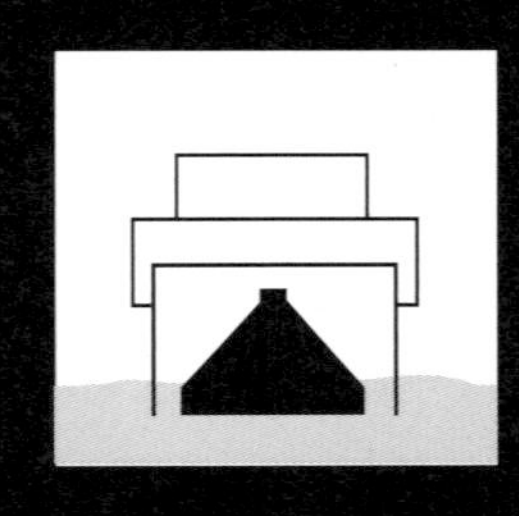

4 样本收集器从头部射出一发金属炮弹，然后把炸出的碎片收入返回舱里。

5 返回舱脱离母船返回地球，预计降落在澳大利亚南部的伍麦拉试验场（RAAF Woomera Range Complex）。而隼鸟 2 号将成为一颗围绕太阳公转的人造卫星。

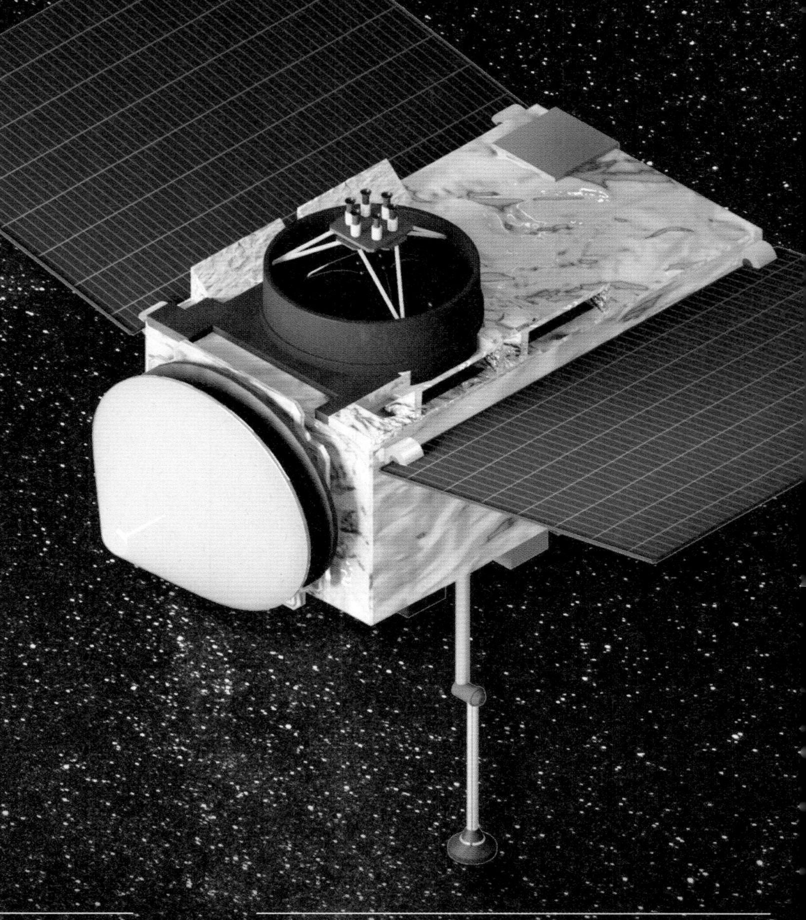

奥西里斯·雷克斯号

发射质量： 2110千克

尺寸： 2.43米×2.43米×3.15米

目标小行星： 编号101955，贝努

发射时间和地点： 2016年9月8日，发射于美国佛罗里达州的卡纳维拉尔角空军基地

样本回收能力： 60克~2千克

样本返回地球时间： 2023年9月

电力供应： 两组太阳能电池，功率1.2~3千瓦

动力： 28个火箭推进器

燃料： 肼

预算： 8亿美元（约合52.72亿元人民币）

奥西里斯·雷克斯号采集和回收样本的工作流程

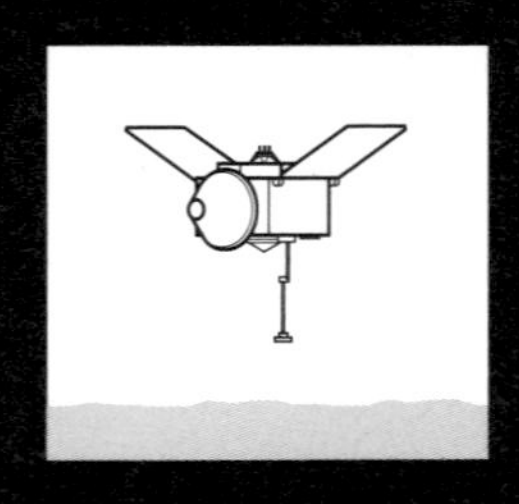

1 探测器接近贝努的表面，利用一对专门的低动力火箭喷射器在小行星上空保持稳定的悬停（但是不会降落）。

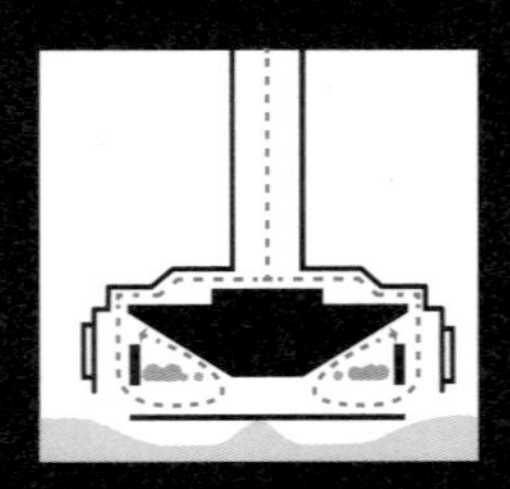

2 奥西里斯·雷克斯号伸出 3 米长的机械臂，快速地碰触小行星的表面，在接触的同时利用强劲的氮气流吹起松散的岩石和尘土，使其进入与机械臂末端连通的采集装置内。

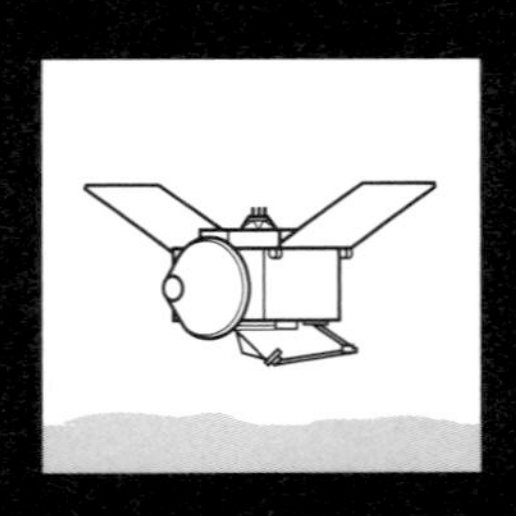

3 采集装置被整体装入样本返回舱内，准备踏上返回地球的旅途。

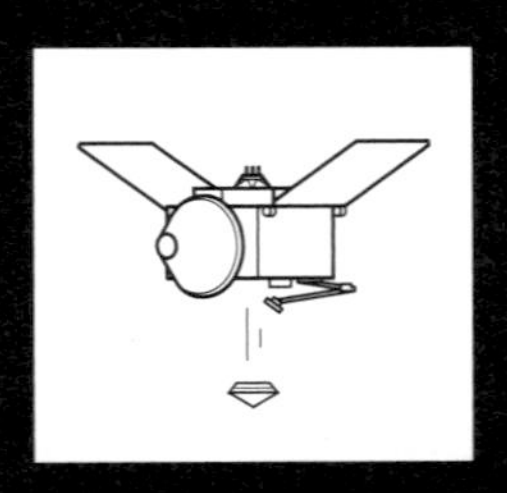

4 探测器在靠近地球时投放返回舱，随后顺势进入公转轨道，成为围绕太阳运行的人造卫星。

5 返回舱携带小行星样本，预计它们将一同完好地降落在美国犹他州的沙漠里。

15

小行星
撞击警报

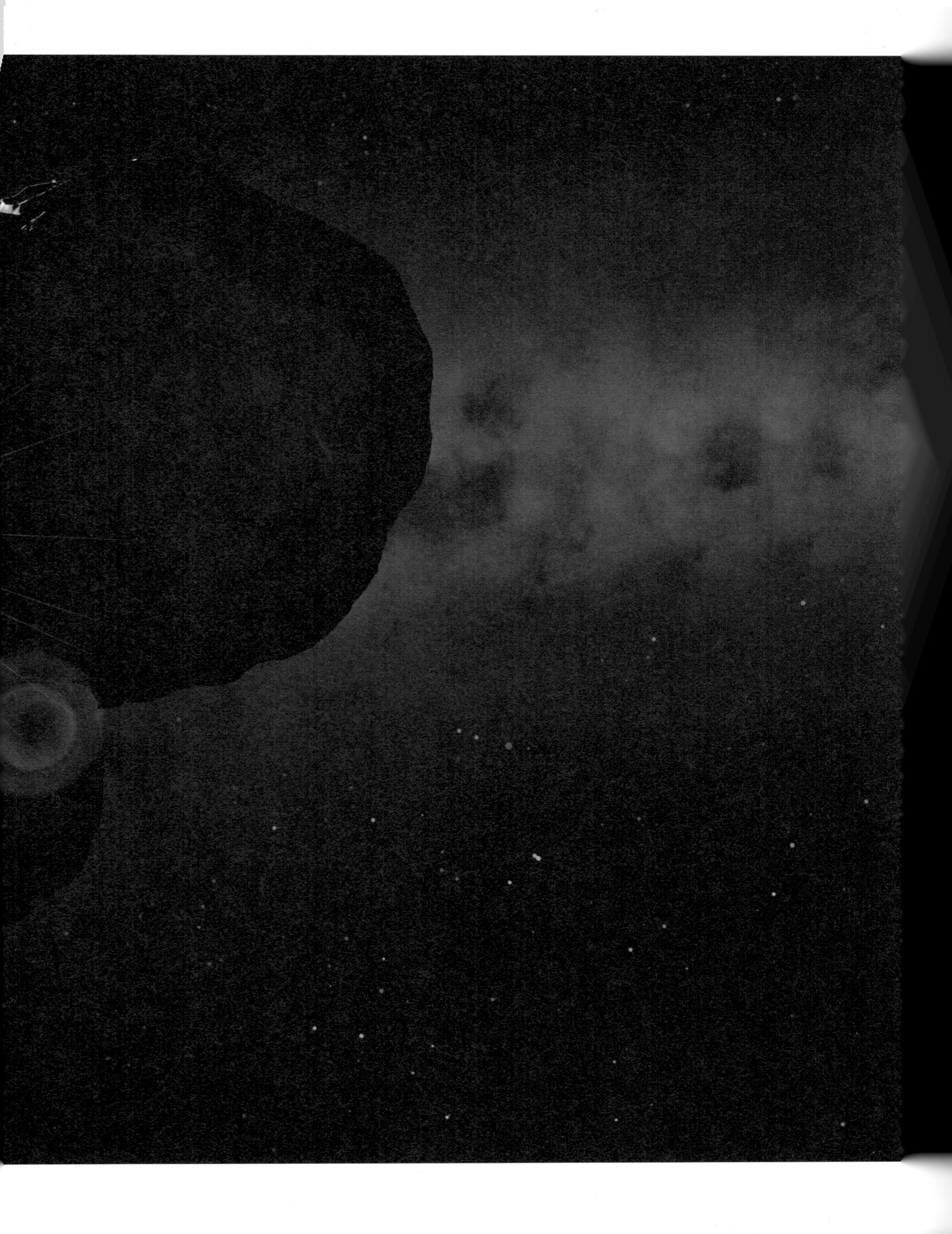

撞击过程

DART 号将直接冲撞小行星的卫星，尝试将其推离原本的轨道。

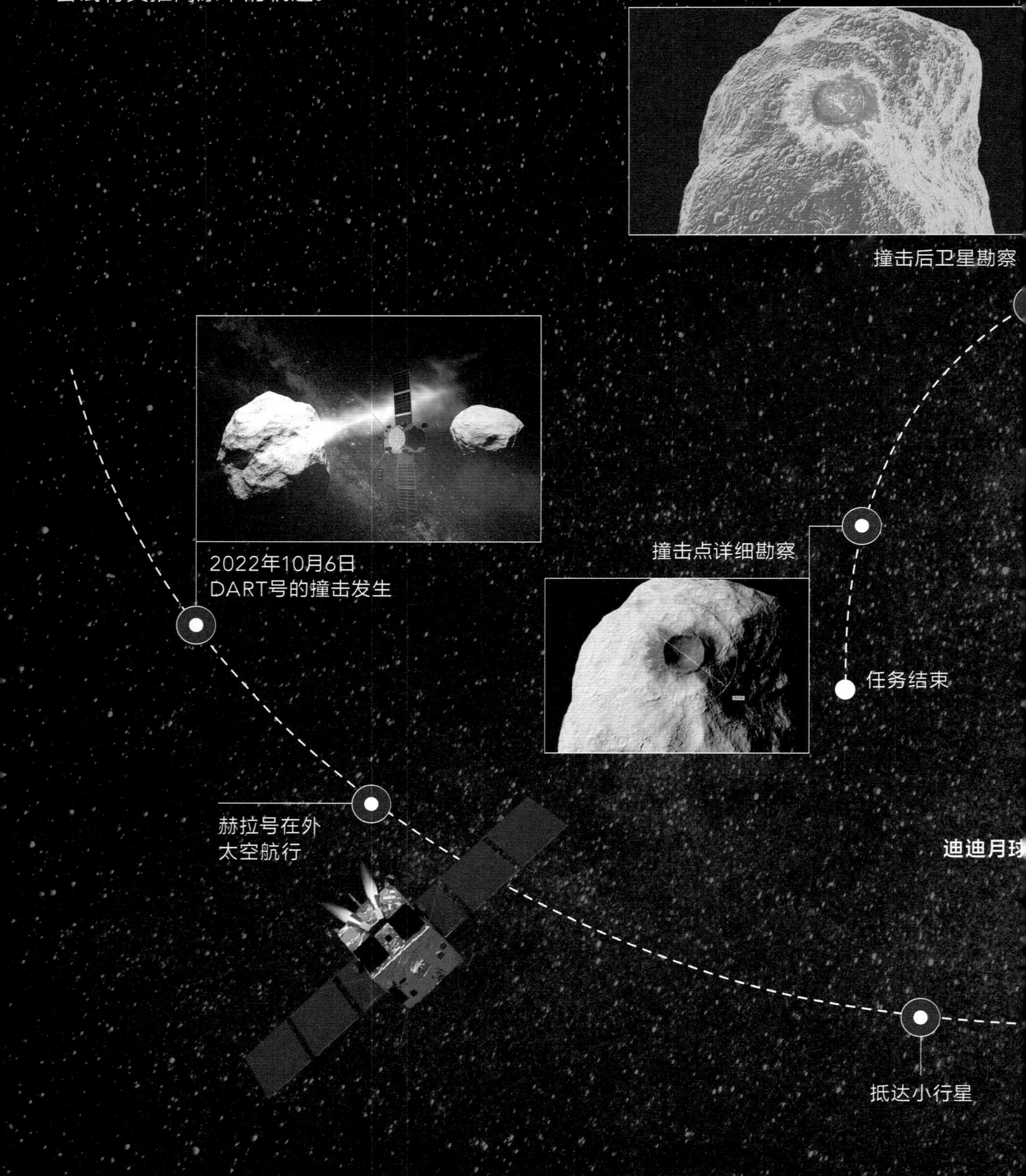

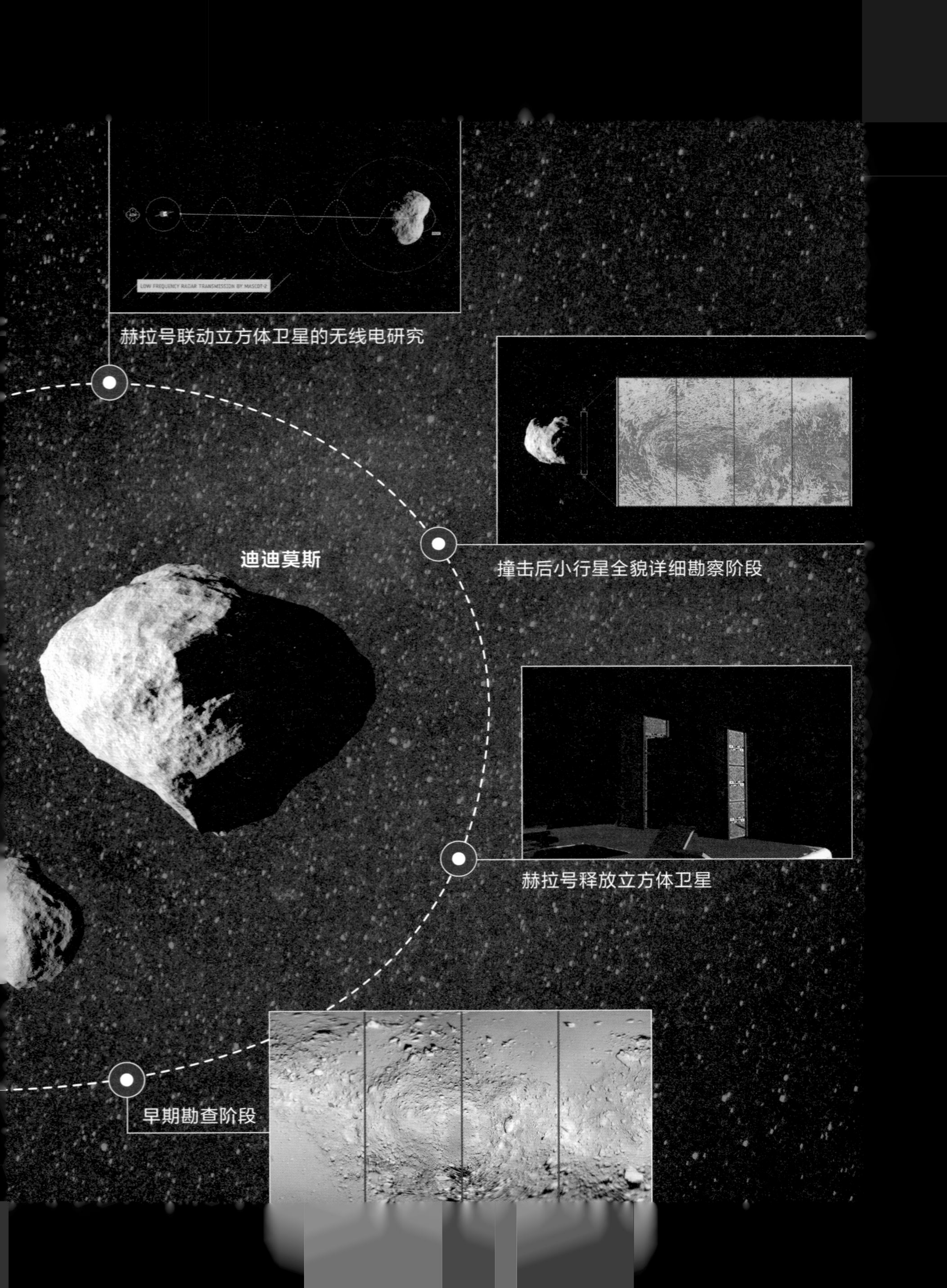
LOW FREQUENCY RADAR TRANSMISSION BY MASCOT-2
赫拉号联动立方体卫星的无线电研究
撞击后小行星全貌详细勘察阶段
迪迪莫斯
赫拉号释放立方体卫星
早期勘查阶段

练习用人造卫星撞击天外来石或许能在将来的某天拯救地球。

最新简讯：我们发现了一颗直冲地球而来的小行星，体积比当初令恐龙灭绝的那颗还要大！谢天谢地，这种情况至今都只在电影和电视里发生过，但是小行星撞击地球的威胁可不是虚构的。

大约6600万年前，一颗小行星撞击地球，掀起的尘埃遮天蔽日，导致地球的气温骤降，全球性的环境变迁最终消灭了75%的地球生物，包括恐龙。那不会是地球上最后一次发生天地浩劫，地球再和巨型小行星来一次“危险的约会”只不过是迟早的问题。

不过，如果小行星再来一次，它可能不会像6600万年前那样造成毁灭性的影响。引用科幻作家拉里·尼文（Larry Niven）曾说过的话：“恐龙要是有航天技术，很可能就不会灭绝了。”而人类正好有。

为了避免重蹈我们白垩纪祖先们的覆辙，全世界的航天机构终于开始直面保护人类的艰巨挑战，它们组织和推动了一项太空计划，旨在探索当发现有一颗致命陨石冲向地球时，我们该用何种方式改变其轨道，避免天地大冲撞。这个太空计划的全称是“小行星拦截和偏转技术评估计划”（Asteroid Intercept and Deflection Assessment，简称AIDA），这也是人类史上首个研究小行星轨道偏转技术的太空计划。

该计划预计在2021年启动，标志事件是届时NASA将发射DART号（即“Double Asteroid Redirection Test”的首字母缩写，字面意思为“双小行星轨道偏转试验”）——这是一艘太空飞船，它的使命是执行一项看似非常简单，实则不然的任务。

“我们的目标是造一艘质量为100千克左右的宇宙飞船，用它撞击一颗小行星的卫星，”约翰·霍普金斯大学的安迪·瑞佛金（Andy Rivikin）说，“然后看看这种撞击会引发什么效应。”

迪迪莫斯（Didymos[1]）是由一对双星组成的天体系统，它的轨道在最近时与地球相距不足1000万千米。听着很远，但是放在宇宙的尺度上，这几乎相当于肩摩肩，脚碰脚。DART的实际目标其实是双星迪迪莫斯中较小的那颗卫星——“迪迪卫星”（Didymoon）。NASA所谓的“目标”并不是抽象的概念，而是真的把它当成了撞击的物理目标：DART会在瞄准后正面冲撞这颗卫星。

“我们会直奔主题，”瑞佛金说，“航天器不会围绕小行星公转，我们要一发命中。”

科学家预计高速撞击会让迪迪卫星的秒速提升数毫米。这个增量很小，但是足以改变卫星的运行轨道。撞击实验的最终目的是开发一种原理类似的技术——科学家称之为“动能冲击器”——它可以用于改变对地球造成威胁的小行星的轨道，使其掠过我们的星球。不过该技术的研发和成熟尚需时日。

在DART号撞击后，NASA将观测迪迪卫星的公转周期（现在是11.9小时），看它是否会缩短。这个指标不仅能告诉科学家冲撞实验是否成功，更重要的是他们可以据此评估它有多成功。毕竟，能否改变小行星的轨道是一回事，而评估撞击的效果则是另一回事。

评估撞击效果正是第二阶段的任务。在撞击开始前，DART号会放出一个由意大利航天局制造的立方体卫星。立方卫星的大小与一个洗衣粉盒子相当，它的昵称是“自拍号”（SelfiSat）。自拍号将目睹撞击的全过程、拍摄撞击点的照片，帮助地质学家弄清DART号的撞击对小行星产生的效应。

译者注：

1. 希腊语“双胞胎”的意思。

除了自拍号传回的图像资料，我们暂时不会得知有关撞击的任何细节。直到2026年，欧洲航天局的赫拉号（Hera）抵达迪迪莫斯并进入其公转轨道，向地球传回小行星及其卫星的详细情况。

“我们需要对迪迪卫星的质量进行精确测量。”伊恩·卡内利（Ian Carnelli）说，他是赫拉项目的负责人。

弄清卫星的质量至关重要，它是估算DART号的撞击能产生多大变速效果的关键，但那还不是撞击实验里我们需要知道的唯一参数。

“我们还要测量卫星表面的粗糙程度，检查星表是否有大块的岩石、内部是否有空腔等等，因为这些都会影响天体轨道的偏转效果。”卡内利说。

有朝一日，如果人类需要面对一场末日级别的小行星撞击，预测模型和演算软件将是不可或缺的工具，DART项目的意义正是获取用于调试和训练这类软件的数据。科学家的目标是在AIDA项目结束的时候，我们不仅要知道改变小行星的轨道是否可行，还要能预测轨道改变后的小行星会去向哪里。

“小行星撞击是我们唯一能够精确预测并且依靠人力阻止的自然灾害，”卡内利说，“动能冲击器一旦就绪，我们就再也不用担心小行星对地球的威胁了。”

虽然用了6600万年时间，但是地球已经快要做好准备了。有了应急预案，小行星撞击就再也不会是地球的噩梦了。

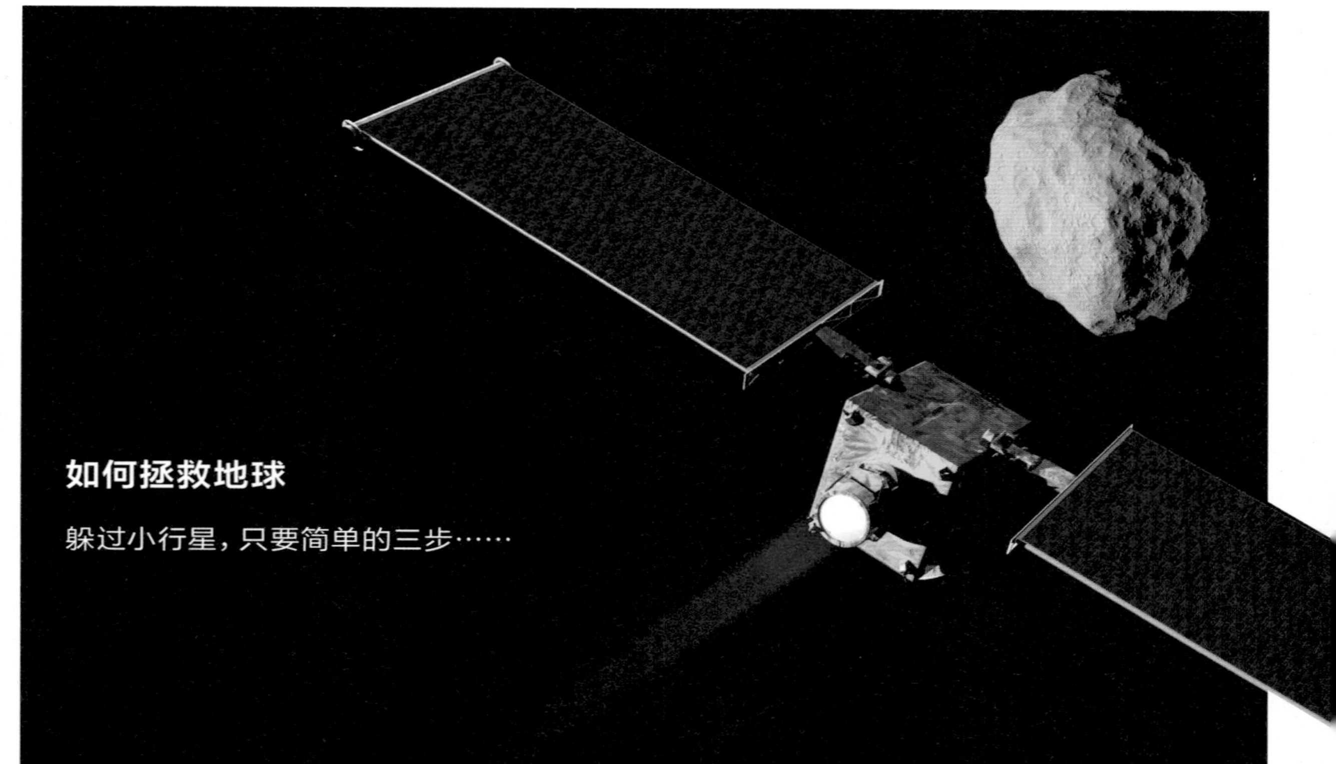

如何拯救地球

躲过小行星，只要简单的三步……

① 搜寻

偏转一颗小行星的前提首先是知道它正朝着地球而来。全世界的天文望远镜正在全天范围内搜寻可能引发灾害的小行星，因此有理由相信，我们已经掌握了超过九成的末日级小行星的位置。但是这仍旧不够，因为一块直径几十米的陨石就足以造成严重的损失。

② 勘察

一旦发现有小行星向地球飞来，我们要做的第一件事是弄清它的底细。大小、形状、成分和密度，这些不仅是决定它危害等级的因素，也是我们制定应对策略的重要参考。小行星的质量越大，阻止它所需要的质量也相应越大，而密度较小的松散小行星则可以考虑直接将其击碎。

③ 应对

如果我们能提前十年知道某颗小行星会与地球发生撞击，就可以用相对缓和的方式阻止灾难的发生，比如像 DART 那样的轻微碰撞，小行星轨道产生微小的变化就足以在几年后让它和地球擦肩而过。相反，如果我们发现得不够及时，那么就不得不需要动用更猛烈的手段，比如用核弹头的冲击波改变其轨道。

16

太阳系的秘密

以下是出现在太阳系中的神秘现象或事件，它们让天文学家们抓耳挠腮，百思不得其解……

奥陌陌

2017年10月19日，天文学家罗伯特·威利克（Robert Weryk）博士在夏威夷的哈莱娅卡拉天文台用“泛星”（Pan-STARRS）天文望远镜（它的全称是“全景巡天望远镜和快速反应系统”）观测到了一个高速冲入太阳系的天体。

上图：
奥陌陌的艺术效果图。

这个天体的绰号是“奥陌陌”（'Oumuamua，在夏威夷语中是“侦查员”的意思），它的长宽比例严重失调：长度可能达到了1千米，而跨度却不超过167米。奥陌陌的速度非常快，快到它不可能是太阳引力的捕获物。所以只有一种合理的结论：奥陌陌是在太阳系外形成的，并在不知道长途跋涉了多久之后碰巧闯进了太阳系。科学家估算奥陌陌大约是在19世纪中后期进入了太阳系，至于在此之前它到底在宇宙里独自徘徊了多久，那就无人知晓了。2018年8月，一项研究通过分析欧洲航天局盖亚天文望远镜的数据，确认了奥陌陌在过去700万年里曾近距离飞过4颗恒星，或许其中一颗就是它的母星。

那么“奥陌陌”到底是什么？一开始，天文学家认为它应该算是一颗小行星，但是对它运动的仔细分析又让人疑窦丛生：太阳引力显然不是影响它运动轨道的唯一因素。“它是一颗彗星，绝大多数的证据指向这个结论。”英国天文学家科林·斯诺德格拉斯（Colin Snodgrass）说。彗星上的冰在阳光的加热下融化蒸发，形成喷射的蒸气，它会给单纯由恒星引力决定的彗星轨道增加变数，使其发生偏离。“与太阳系内的彗星相比，奥陌陌有一些不同寻常的性质。我们仍在尝试寻找造成这种差异的原因。”通常情况下，典型的太阳系彗星会反射大约4%的阳光，而奥陌陌的反射率几乎比这个数字的两倍还多。

遗憾的是，由于奥陌陌已经运行到太阳系外围，它将经过木星，而后沿着目前的轨迹离开太阳系，所以我们已经没有机会再对它进行更多的观测了。事实上，哪怕它目前还在太阳系里，我们也已经很难清楚观测到它了。

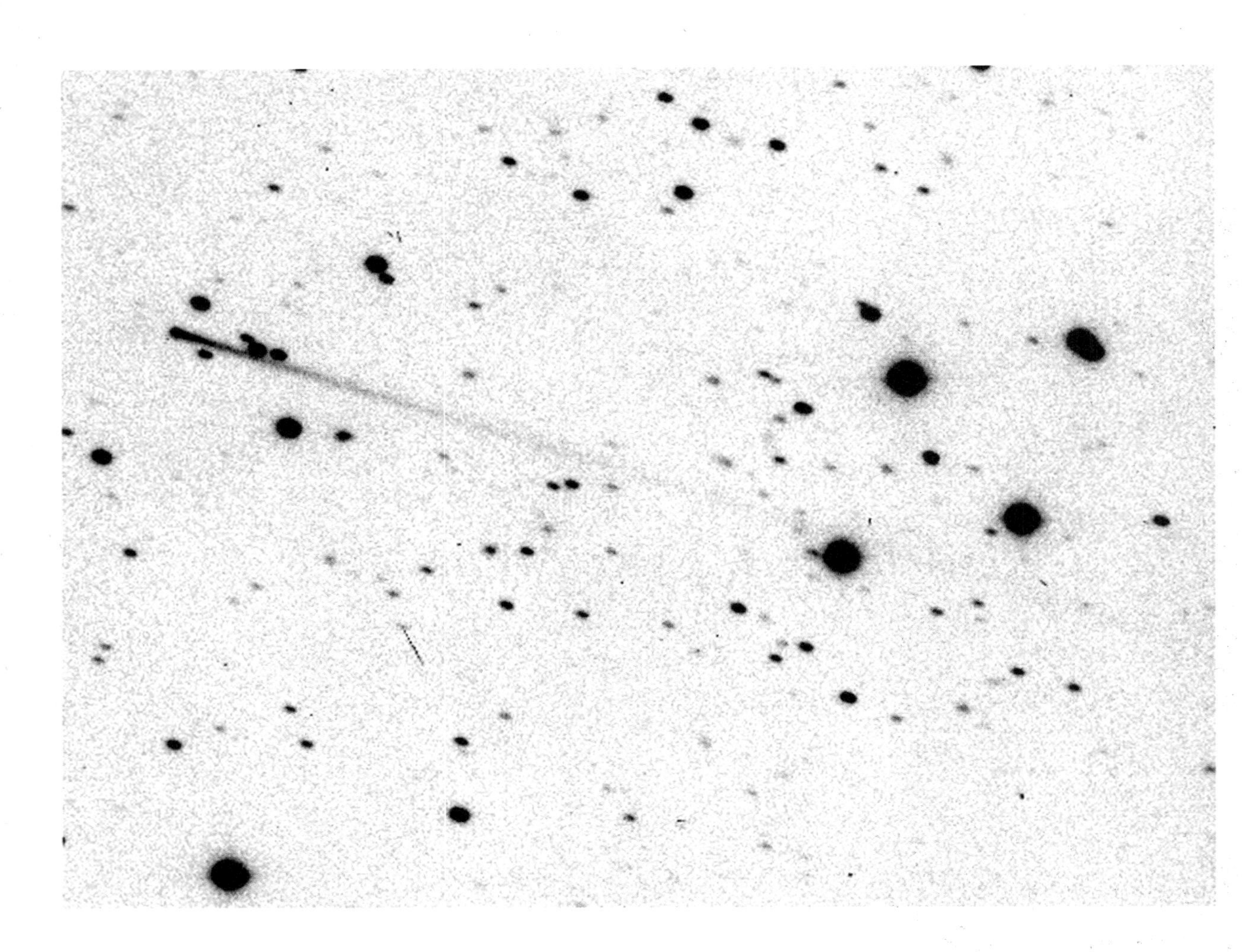

埃尔斯特-皮萨罗

小行星和彗星通常很好区分。小行星是一类实心的太空岩石或金属，它们能以迅雷不及掩耳之势撞击行星，其中一块曾经毁灭了地球上所有的恐龙。小行星通常位于太阳系的内侧区域，尤其是火星和木星之间的小行星带，那里可以说是它们的大本营。而彗星往往是形成于太阳系外围的巨大冰块。当它们难得地闯入太阳系的内环时，冰冻的星体会与太阳辐射迎面相碰，产生美丽壮观的彗尾。

不过凡事皆有例外，有一个名为埃尔斯特 - 皮萨罗[1]（Elst-Pizarro）的天体似乎对人类的天体分类并不买账。它首次被人发现的时间是1979年，由于其轨道位于小行星带，所以当时的

上图：
你可以在这张由施密特天文望远镜拍摄的照片中间看到疾驰而过的埃尔斯特 - 皮萨罗，拍摄的地点是拉西亚天文台。

译者注：
1. 由发现该天体的两位天文学家的名字命名，其星体编号为 133P。

科学家们理所当然地认为它是一颗小行星。但是在1996年，当他们进一步深入研究时却发现，它有一条尾巴——这是彗星才有的特征。

天文学家最初的解释是，他们认为这条星尾是某次碰撞后产生的碎片物质，而非由太阳的热量催生的蒸气彗尾。但是尾巴的亮度和结构却在随着时间推移而改变——这意味着它的形成是一种循序渐进且仍在发展的过程，而不太可能是一锤定音的碰撞事件。此外，埃尔斯特-皮萨罗的自转速度很快——自转周期大约为3.5小时——这也是彗星才有的特征。一种可能的解释认为，撞击导致星体内部的冰露出表面，冰层在太阳辐射的照射下融化蒸发，散失到了太空里。倘若如此，那么埃尔斯特-皮萨罗就是一颗“伪装”成彗星的小行星——等到它暴露出的冰层耗尽，自然就会露出马脚，恢复自己小行星的真实身份。

为了解答这个疑问，太空科学家们曾寄希望于一艘名为卡斯塔利亚号（Castalia）的太空船能在2028年前往埃尔斯特-皮萨罗进行近距离观测。但是事与愿违，欧洲航天局在2016年的经费审批中没有给这个计划亮绿灯。

本页图：
X 行星的艺术效果图，可能正是它改变了位于海王星轨道外的矮行星的轨道形状。

X行星

天文学家们越来越确信，海王星之外的某处潜藏着一颗体积巨大的太阳系第九大行星。第一条线索出现在2014年，美国天文学家斯科特·谢帕德博士发现了一颗小型的矮行星候补，代号“2012 VP113”，它的公转轨道半径是地球的250倍。与行星近圆形的轨道十分不同，2012 VP113的公转轨道是一个被拉长的椭圆形，这立刻吸引了科学家的注意。“就我们目前对太阳系的认知而言，没有什么可以解释2012 VP113奇特的轨道。”薛帕德说。

如果只是零星几个不同寻常的例外，那我们大可以用小概率事件来解释它们的存在，但是现在我们已经发现了足足10个类似的天体——这已经不能简单地用巧合作为理由来敷衍了事了。这些发现多数要归功于美国加州理工学院的麦克·布朗（Mike Brown）博士和康斯坦丁·巴特金（Konstantin Batygin）博士。这些天体的轨道都表现出了相似的特征，如果它们之间没有某种联系，而只是纯粹的巧合，那么这种巧合发生的概率甚至不到0.0001%。对此，目前最主流的解释认为，在太阳系的边缘有一颗我们还未探明的行星，这些轨道“异常”的天体都是因为受到了它的引力影响。

要产生这种影响，这颗行星的质量至少是地球的10倍、绕太阳公转的周期至少为10 000个地球年，而它的公转轨道半径至少应该是地球的200倍。鉴于它与我们的距离，想要搜寻和拍摄它势必困难重重。但是相关的工作一直在进行。到目前为止，天文学家已经探明了大约30%该行星最有可能存在的重点区域，剩余的工作还将耗时大约4年。与此同时，X行星搜索工作的最大收获或许是让我们找到了更多的矮行星（参见第159页）。

太空中的百慕大三角

想象一下你是一名飘浮在休息舱里的宇航员，闭上眼睛正准备睡觉。但是突然之间，眼前（眼睛还是闭着）出现了一道强光，让你怔怔地半天回不过神来。这是一些在国际空间站值勤过的宇航员报告的亲身经历，奇怪的是，它们都发生在空间站经过同一片区域时。这片区域如今被称作“南太平洋异常区”（South Atlantic Anomaly，简称SAA）——导致异常的原因可能是此处的地球磁场——它还有一个响亮的绰号：太空百慕大三角。科学家相信异常区的产生与范·艾伦辐射带（Van Allen radiation belts）有关——它的本质是地球磁场所捕获的带电粒子聚集在大气层中，辐射带分为内外两层包裹在地球外。地球的磁轴并没有完全与地球的自转轴重合，所以范·艾伦辐射带相对地球是倾斜的。其结果是在南大西洋某些区域的上空，范·艾伦辐射带出现在了距离海平面200千米的近地位置上。当国际空间站经过此处时，就会出现计算机停止工作和宇航员产生强光幻视的现象。我们还需要对SAA进行更深入的研究，这对将来太空旅行的民用化非常重要。

本页图：
国际空间站上的宇航员报告称，在经过南大西洋某些区域的上空时发现了奇怪的现象。

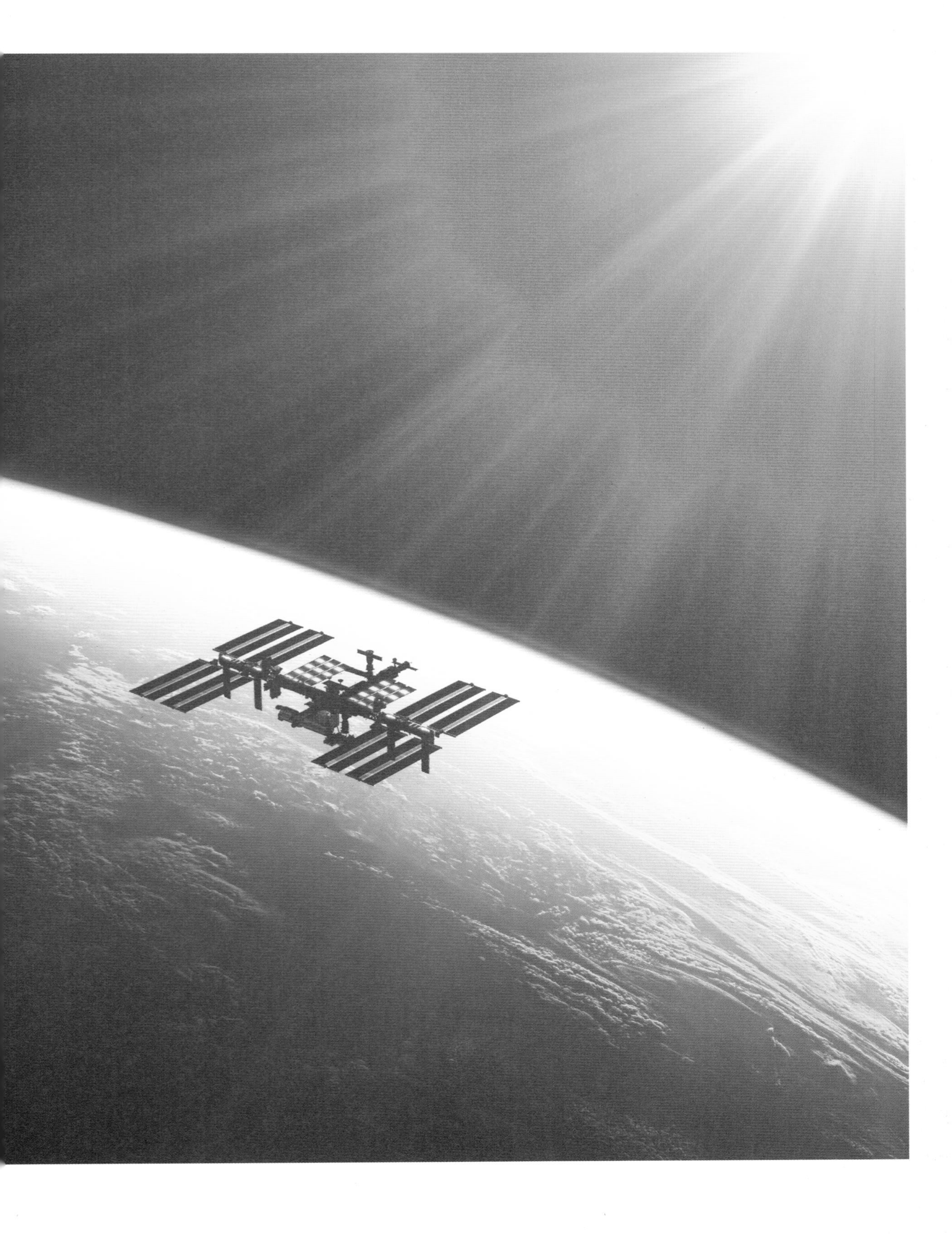

17

太阳系的终结

和所有的恒星一样，太阳也有一天会熄灭……

我们的太阳诞生于大约46亿年前。粗略估算，它还可以在45亿~55亿年的时间里继续维持目前的状态。显然，我们无法精确预测太阳在接下去几十亿年的时间里会如何，但是基于研究恒星演化的已有成果，天文学家还是能对太阳的前途和命运有个大致的估计。质量更大的恒星在生命走到尽头时会发生爆炸，也就是所谓的“超新星爆发”。不过，太阳可能并不会走到那一步。

对页图：
这张艺术图描绘的是 50 亿年后，当太阳迎来死亡时，从地球上看到的景象。

1.氢燃烧阶段（主序星）

太阳每秒钟都要消耗6亿吨氢，燃烧的产物包括5.96亿吨“灰烬”（成分是氦）和相当于400万吨物质质量的能量。在太阳的整个生命中，它的能量输出会越来越强，科学家认为从形成到现在的46亿年里，太阳的亮度已经提高了30%。而在接下去的10亿年里，随着氢-氦转化速率的提升，太阳的亮度还将再提高约10%，与之相伴的是更强烈的热辐射。地球上已经存在由人类活动导致的全球气候变迁，而在未来的10亿年里，太阳对地球气候的影响将与之相当。

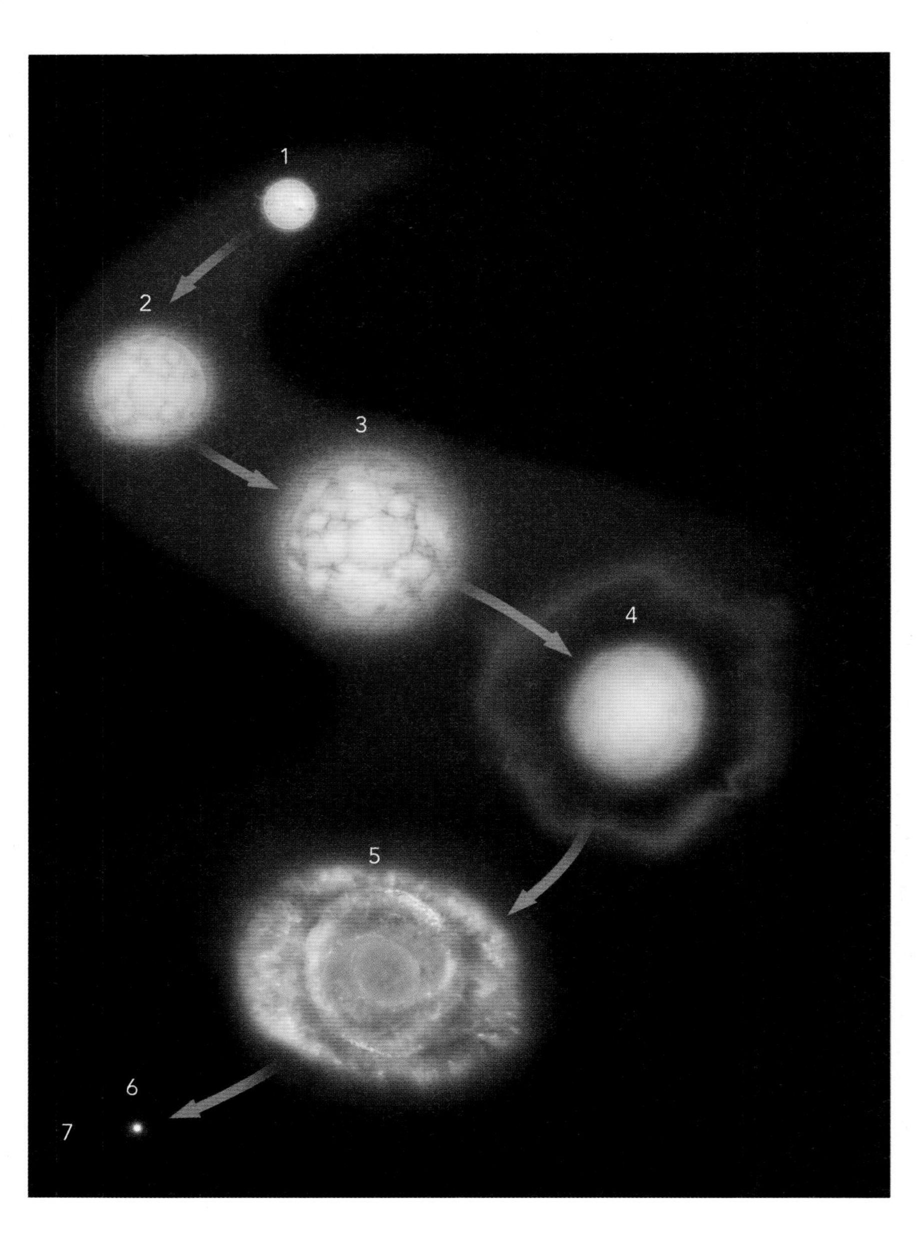

增强的热辐射将导致两极冰盖消融，海洋温度升高，让更多的水蒸气进入地球的大气。而水蒸气会阻止热量由地表向宇宙散失，由此产生的“桑拿”效应会把地球气温推向更高的水平。在大约35亿年后，太阳的亮度将比今天提高40%，极高的温度甚至能让海洋沸腾，冰盖不复存在，而大气层也会被剥离。届时，地球就成了第二颗金星：酷热难当，荒芜干旱，了无生机。

2.亚巨星

上面的情况听上去相当骇人，但是那只是太阳覆灭的序曲而已。在大约50亿年后，随着核心里的氢消耗殆尽，太阳的主序星阶段也将进入尾声。核聚变反应难以为继，无法再对抗物质引力，这将导致太阳的核心崩溃并收缩，密度逐渐上升。在此过程中，太阳的核心温度会越来越高，直到最终引燃核心外残余的氢。新的燃料一旦被点燃就会释放巨量的能量，太阳的外层结构因为剧烈的燃烧而向外膨胀，直径扩张为目前的2~3倍，这种核心收缩而外层结构膨胀的巨星化早期阶段就是所谓的亚巨星时期。

3.红巨星

亚巨星还会不断膨胀，致密核心被埋得越来越深，导致它的热量很难通过厚厚的星体流失，此时的恒星将变成一个巨大而明亮的天体，也就是红巨星。年迈的红巨星可以膨胀到太阳的100~1000倍那么大，而外层星体的温度则会下降到3000摄氏度左右。恒星表面的温度下降意味着它散发的光会向红光的波段偏移，这就是“红巨星”的由来。在太阳经历这些过程后，它的半径将延伸到水星和金星的公转轨道，把它们完全吞没，甚至可能波及地球。不过，我们的家园或许能绝处逢生。因为太阳的质量在膨胀过程中会不断减小，有科学家估算认为，那时候太阳的质量至多只有现在的65%~70%。质量减少后，太阳的引力就会变弱，除水星和金星外的行星都有相当的机会借由公转轨道半径的扩张逃脱被太阳吞噬的命运。所以，没准地球也能幸运地逃过一劫。不过无论行星的命运如何，太阳的内核都会变得越来越小、越来越热，在太阳120亿岁的时候，高温高压的太阳内核里将出现新一轮的核反应。

对页图：
太阳的生命历程。

4.重启的红巨星

太阳的内核还在持续收缩，直到其温度达到大约1亿摄氏度——足以引发氦的核聚变反应，太阳上多数的氦本是氢聚变的产物，而此时氦成为新的聚变原料，产生碳和氧。低质量恒星（如太阳）的致密内核在红巨星形成后不会因为高温而膨胀，不断积聚的能量导致内核的温度和压力持续上升，最终导致内核中的氦以失控的速度猛烈燃烧，发生聚变反应并产生一种名为“氦闪”的短时爆炸现象。氦闪可以降低核心的密度，减慢氦的燃烧速率，暂时稳定内核的状态。当然，氦的耗尽也只是时间问题，可能只需要1亿年左右。与氢燃烧阶段类似，氦的持续燃烧也会释放大量能量，导致太阳再次膨胀，这是红巨星的第二阶段。

5.行星状星云

不管是外层膨胀、内核收缩，还是不断消耗燃料导致的质量减少，这些都不是太阳最终的结局。红巨星会不断通过氦聚变产生碳和氧，但是太阳的内核温度永远不可能达到碳聚变所需要的6亿摄氏度，所以最后它注定会进入塌缩的阶段。当氦接近枯竭时，太阳外层大气在持续扩张的同时也在不断逃逸到宇宙空间里。因此在形成大约125亿年后，太阳的质量将只剩下大约一半。太阳稀薄的外层结构会被它炽热的核心点亮，形成一种发光的云雾状结构，科学家称之为“行星状星云”。天文学家们对这种现象并不陌生，“行星状星云”是那些质量与太阳相当的恒星的年迈形态，它其实是一颗恒星，而非“行星”。过去的人在观察到这些圆球状的星云时误将其与行星相联系，而这个错误的命名一直被沿用至今。

6.白矮星

在失去所有外层结构后，太阳最后只剩下了一个炽热、致密的内核，这个阶段的太阳被称为“白矮星”。白矮星是宇宙里密度最高的物体之一，不管恒星在主序星阶段有多大，它们的白矮星通常都只比地球大一点。不只是密度极高，白矮星的温度也能达到极高的100 000摄氏度。虽然已经不活跃，但是恒星的星核在衰老的过程中产生并积累了大量的热量，此时它就像一具还有余温的残骸，彻底冷却可能要耗费几百亿乃至几千亿年时间。

7.黑矮星

作为主序星的残骸，白矮星最终将耗尽它的热能和光能（可能要花上数千亿年时间），进入恒星生命周期真正意义上的最后阶段：成为一颗毫无生气的黑矮星。到目前为止，黑矮星只是一个科学家假想的概念——因为宇宙现在的年龄“只”有138亿岁，还不够孕育一颗黑矮星的时间——但是科学家认为它就是太阳的终局。这个悲伤的结局还有很多令人伤感的细节，比如曾经身强力壮的太阳会变得干瘦无力，它在损失相当一部分质量的同时也相应失去了一部分引力，这将致使太阳系的行星脱离，坠入浩瀚黑暗的宇宙，曾经团圆美满的太阳系行星家族最终沦为永世漂流在太空里的冰块碎石。

不过，即便太阳系变得支离破碎、成为太空里的尘埃，从太阳遗骸上释放的粒子终又会在某个地方聚集，成为孕育另一颗恒星的养料。在万千这样的新星系里，也许又会有一颗岩石行星，它将拥有合适的大气和液态的水——就像曾经的地球一样，成为新生命的摇篮。